6566

ÉLÉMENTS

D'ARITHMÉTIQUE

A L'USAGE DES ÉCOLES

ÉLÉMENTS

D'ARITHMÉTIQUE

A L'USAGE DES ÉCOLES

PAR UN ANCIEN ÉLÈVE DE L'ÉCOLE POLYTECHNIQUE

⊶◦◖◗◦⊷

DEUXIÈME ÉDITION

Revue et corrigée

◄━━◆※◆━━►

PARIS

A LA SOCIÉTÉ DE SAINT-NICOLAS

RUE DE SÈVRES, 39

1845

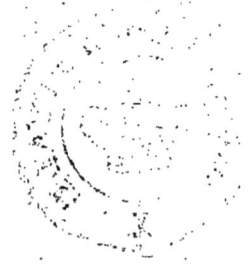

AVERTISSEMENT.

De toutes les branches des Mathématiques, l'Arithmétique est celle dont l'usage est le plus fréquent ; c'est en même temps celle qui peut le mieux contribuer à former le jugement des enfants en les habituant à s'exprimer avec justesse.

L'Arithmétique consiste essentiellement, d'une part, dans l'art d'effectuer les opérations, ce qui est à proprement parler la science du *calcul*, ou arithmétique pratique ; et, de l'autre, dans l'ordre des raisonnements qui justifient les procédés et la marche du calcul, ce qui constitue l'Arithmétique *démontrée*.

Ces deux connaissances sont au fond très-différentes. On peut savoir bien calculer, mais par routine : on peut connaître les raisons de chaque opération et ne les effectuer qu'avec peine. Si donc on veut mettre un enfant en état de tirer tout le parti possible de cette étude, il faut le familiariser avec l'une et l'autre de ces deux branches de l'Arithmétique, et comme les raisonnements mathématiques sont toujours une chose abstraite et dont les jeunes enfants ne sont pas susceptibles, tandis qu'ils peuvent se livrer avec fruit à la pratique des opérations, il est convenable de les faire commencer par le calcul.

Les exercices de calcul pratique pourraient être gradués de la manière suivante :

1° Exercices de calcul en montant et en descendant par échelons d'une unité, de deux, de trois, etc., jusqu'à 9 inclusivement.

2° Numération des entiers, noms des tranches, composition de chaque tranche, rang occupé par les divers espèces d'unités.

3° Numération en chiffres romains.

4° Addition et soustraction pratiques des nombres entiers.

5° Numération des décimales.

6° Système métrique.

7° Table de multiplication et multiplication pratique.

8° Division pratique.

Les premiers de ces exercices sont tout à fait à la portée des enfants, ils n'exigent qu'une attention ordinaire ; ils peuvent être pris et repris à tels intervalles qu'on le voudra, et, malgré leur simplicité apparente, ils seront très-utiles à ces enfants, ils leur donneront la facilité de calculer promptement et sûrement, habitude précieuse et qui manque souvent à des personnes même versées dans l'étude des mathématiques. Tous peuvent se faire sans livre, et ce n'est que lorsqu'un enfant les possède suffisamment qu'il faut lui faire étudier l'arithmétique démontrée ; mais aussi lorsqu'on lui fait commencer cette étude, il faut dès l'origine l'obliger à raisonner rigoureusement. Il existe beaucoup de livres destinés à l'enseignement de l'Arithmétique, dans celui-ci on a essayé de joindre une forme simple à un raisonnement précis. Il est principalement destiné aux écoles ; en conséquence on n'a dû y admettre que la partie élémentaire de l'Arithmétique et s'astreindre à la marche la plus facile, celle par demandes et par réponses, que l'expé-

rience a prouvé être la meilleure pour les enfants.
Les réponses imprimées en gros caractères doivent être apprises à la lettre. Les explications
imprimées en caractères plus fins ne sont là que
comme un commentaire et ne doivent point être
apprises. Chaque chapitre est suivi d'exemples
choisis, autant que possible, de manière à com-
prendre tous les cas et à varier la forme des
questions en sorte que les enfants acquièrent
l'habitude de poser eux-mêmes les règles, en
quoi réside souvent pour eux la principale diffi-
culté d'une question.

ÉLÉMENTS

D'ARITHMÉTIQUE

A L'USAGE DES ÉCOLES.

— ◆ —

PREMIÈRE PARTIE.

COMPRENANT LA NUMÉRATION ET LES QUATRE PREMIÈRES
RÈGLES.

— ◆◆◆ —

CHAPITRE PREMIER.

PRÉLIMINAIRES.

1. *Qu'appelle-t-on quantité ou grandeur?*

On appelle quantité ou grandeur tout ce qui est susceptible d'augmentation ou de diminution,

Comme l'étendue, le temps, la force des hommes, des machines, etc.

2. *Qu'est-ce que les mathématiques?*

On appelle mathématiques, les sciences

qui ont pour objet l'étude des quantités ou grandeurs.

Comme la géométrie, l'astronomie, la mécanique, etc.

3. Qu'est-ce que l'unité?

L'unité est une grandeur que l'on choisit à volonté pour servir à mesurer les quantités de même espèce.

Ainsi le mètre, le pied, servent de mesure pour les longueurs ; l'année, le mois, le jour, servent de mesure pour le temps, etc.

4. Qu'est-ce qu'un nombre?

Un nombre est la quantité qui exprime combien de fois une grandeur contient l'unité.

Ainsi vingt mètres est un nombre qui exprime la grandeur égale à la longueur du mètre répétée vingt fois de suite.

5. Qu'est-ce que mesurer ?

Mesurer, c'est chercher combien de fois une certaine grandeur contient l'unité ; si la grandeur à mesurer est moindre que l'unité, on partage cette unité en un certain nombre de parties égales assez petites pour que l'une d'elles puisse servir de nouvelle unité de mesure.

Ainsi le centimètre, qui est la centième partie du

mètre, peut servir à mesurer des longueurs moindres qu'un mètre : au besoin on pourrait encore employer le millimètre, qui est la millième partie du mètre.

6. Combien y a-t-il donc d'espèces de nombres ?

Il y a trois espèces de nombres : 1° *le nombre entier*, qui se compose d'unités entières, comme vingt mètres ; 2° *la fraction*, qui ne renferme que des parties d'unité, comme un demi-mètre ; 3° enfin *le nombre mixte* ou *fractionnaire*, qui renferme en même temps des unités entières et des unités de fractions, comme dix-sept mètres et demi.

On appelle encore *nombre concret* celui dans lequel une espèce particulière d'unités est exprimée, comme cinq mètres ; et *nombre abstrait*, celui qui est employé sans qu'il soit question d'aucune espèce d'unités, comme six, dix : six fois, dix fois, etc.

7. Qu'est-ce que l'arithmétique ?

L'arithmétique est l'art de représenter les nombres ainsi que de les composer (c'est-à-dire de les combiner entre eux), et de les décomposer, ce que l'on appelle *calculer*.

CHAPITRE II.

DE LA NUMÉRATION.

8. *Qu'est-ce que la numération?*

La numération est l'art de représenter tous les nombres au moyen de dix caractères qu'on appelle chiffres.

9. *Quels sont ces caractères?*

Ce sont o, 1, 2, 3, 4, 5, 6, 7, 8 et 9.

Les neuf derniers sont appelés chiffres significatifs parce qu'ils ont une valeur, tandis que le zéro n'a par lui-même aucune valeur.

10. *Comment au moyen de ces dix caractères représente-t-on les nombres plus grands que neuf?*

Pour représenter les nombres plus grands que 9, on forme avec dix unités une nouvelle unité que l'on appelle dizaine, et l'on représente un nombre de dizaines jusqu'à 9 inclusivement, par le même caractère qu'un même nombre d'unités simples, mais en le faisant suivre d'un zéro.

Ainsi une, deux, trois dizaines s'écriront 10, 20, 30, etc.

Pour représenter les nombres composés de dizaines et d'unités, on remplace le zéro par le chiffre des unités qui sont jointes aux dizaines.

Ainsi soixante-neuf, se composant de 6 dizaines et de 9 unités, s'écrira 69.

On peut compter par ce moyen jusqu'à 9 dizaines et 9 unités ou 99.

11. *Comment va-t-on au delà de* 99 ?

Pour aller au delà de 99, avec dix dizaines on forme une nouvelle unité nommée *centaine*, et l'on représente aussi les centaines jusqu'à 9, par les mêmes caractères que les unités simples, mais en les faisant suivre de deux zéros.

Ainsi une centaine, deux centaines, trois centaines, s'écriront : 100, 200, 300, etc.

S'il y a des dizaines et des unités jointes aux centaines, on les écrit en place des zéros placés à droite du chiffre des centaines.

Ainsi le nombre six cent vingt-quatre, composé de six centaines deux dizaines et quatre unités, s'écrira 624. Le nombre deux cent trente, composé de deux centaines et trois dizaines sans unités, s'écrira : 230; et le nombre sept cent un, composé de sept centaines et d'une unité sans dizaines, s'écrira : 701.

On peut ainsi compter jusqu'à 9 centaines, 9 dizaines et 9 unités ou 999.

12. *Comment va-t-on au delà de* 999?
Pour aller au delà de 999, avec dix centaines on forme une nouvelle unité nommée *mille*, et l'on représente un nombre de mille jusqu'à neuf inclusivement par les mêmes caractères que les unités simples, mais en les faisant suivre de trois zéros.

Ainsi un mille, deux mille, trois mille s'écriront : 1000, 2000, 3000, etc.

S'il y avait des unités, des dizaines ou des centaines à ajouter au nombre des mille, on les écrirait à la place des zéros situés à droite, en laissant toujours subsister ceux qui ne sont remplacés par aucun chiffre significatif.

Ainsi le nombre vingt-cinq mille cinquante-quatre unités s'écrira : 25.054; le nombre cent mille deux cent sept unités, s'écrira : 100.207.

On compte par dizaines de mille et par centaines de mille, comme on a compté par dizaines et par centaines d'unités, en sorte que l'on répète pour la deuxième tranche de trois chiffres ce que l'on a dit pour la première.

Par exemple, cent quatre mille s'écriront : 104.000.

Après les mille viennent les *millions*, qui ont pareillement des dizaines et des centaines, et à l'égard desquels on répète pour la troisième tranche de trois chiffres ce qui a été dit de la première et de la deuxième; viennent ensuite les *billions* ou *milliards*, les *trillions*, les *quatrillions*, les *quintillions*, etc., en sorte que l'on peut ainsi représenter les nombres aussi grands qu'on le voudra.

On voit d'après cela que les diverses espèces d'unités se succèdent dans l'ordre suivant :

5ᵉ			4ᵉ			3ᵉ			2ᵉ			1ᵉʳ		
trillions			billions			millions			mille			unités		
centaines	dizaines	unités	centaines	dizaines	unités	centaines	dizaines	unités	centaines	dizaines	unités	centaines	dizaines	unités
9	0	5	1	8	5	0	0	0	6	2		4	7	

C'est-à-dire que les noms d'*unités*, de *mille*, *millions*, *billions*, *trillions*, etc., appartiennent à toute une tranche, et que chaque tranche a ses unités, ses dizaines et ses centaines particulières. Ainsi le 8 qui occupe le 2ᵉ rang de la 4ᵉ tranche représente des dizaines de billions; le 6 représente des centaines de mille, etc.

13. *Comment énonce-t-on un nombre?*

Pour énoncer un nombre, il faut marquer en commençant par la droite, les tranches des unités, des mille, des millions, etc., puis énoncer chacune en reprenant par la gauche, comme si elle était seule, en lui donnant le nom qui lui appartient d'après le rang qu'elle occupe.

Ainsi le nombre 7064009003 se partagera ainsi : 7.064.009.003 et s'énoncera : 7 billions 64 millions 9 mille 3 unités.

14. *Comment écrit-on un nombre sous la dictée?*

Pour écrire un nombre sous la dictée, il faut écrire successivement et en commençant par la gauche chacune des tranches de trois chiffres qui le composent, en mettant des zéros à la place des chiffres ou des tranches entières qui pourraient manquer.

Par exemple, pour écrire le nombre dix millions

deux cent sept unités, on remarquera que dans la
tranche des millions il n'y a qu'une espèce d'unité,
celle des dizaines ; que la tranche des mille manque
tout entière ainsi que le chiffre des dizaines dans
la tranche des unités simples, on écrira donc :
10.000.207.

15. *Dé quoi dépend la grandeur représentée par un chiffre?*

La grandeur représentée par un chiffre
dépend de deux choses, savoir : 1° la valeur
absolue de ce chiffre, c'est-à-dire le nombre plus ou moins grand de ses unités ; 2° sa
valeur relative, c'est-à-dire celle qu'il tire de
la place qu'il occupe ; en sorte que le plus
grand chiffre n'exprime pas toujours une
plus grande quantité.

Ainsi, dans 68, le 6 des dizaines, quoique plus
petit en lui-même que le 8 des unités, exprime cependant une grandeur plus considérable, puisque
étant du 2ᵉ rang, il représente 6 dizaines ou soixante
unités, tandis que l'autre n'en représente que 8.

16. *Quelle est donc la base de la numération décimale?*

Toute la numération décimale repose sur
cette convention, qu'un chiffre suivi d'un
autre vaut dix fois plus que s'il était seul ;
cent fois plus, s'il est suivi de deux, mille
fois plus s'il est suivi de trois, etc. ; c'est-à-

1*

dire que la valeur de ses unités devient dix fois plus grande pour chaque rang dont il avance vers la gauche, et dix fois plus petite chaque fois qu'il avance d'un rang vers la droite.

Il suit de là que pour savoir combien de fois une unité d'un certain ordre est plus grande qu'une unité d'un autre ordre, il suffit de compter les rangs de l'une à l'autre. Ainsi, par exemple, les centaines occupant le 3e rang et les dizaines de mille le 5e, il y a deux rangs de l'un à l'autre, d'où l'on peut conclure qu'il y a cent centaines dans une dizaine de mille ; on trouve de même qu'il y a 10,000 dizaines dans une centaine de mille, cent dizaine de mille dans un million, etc.

17. *Quel changement produit-on dans la valeur d'un nombre en ajoutant un zéro à sa droite?*

Lorsqu'on ajoute un zéro à la droite d'un nombre, il devient dix fois plus grand (1); En effet, ce zéro fait avancer d'un rang vers la gauche tous les chiffres qui composent le

---

(1) Au lieu de dire que le nombre devient *dix fois plus grand*, les élèves disent souvent qu'il *augmente de dix*, locution vicieuse dont il faut se garder. Le nombre 30 rendu dix fois plus grand deviendrait 300 ; augmenté de dix, il aurait dix unités de plus, c'est-à-dire qu'il deviendrait 40.

nombre ; en sorte que chacun d'eux représentera des unités dix fois plus fortes qu'auparavant ; le nombre tout entier sera donc devenu dix fois plus grand.

18. *Qu'arrivera-t-il si l'on ajoute à la droite d'un nombre plusieurs zéros ?*

Si l'on ajoute à la droite d'un nombre plusieurs zéros, il deviendra cent, mille, dix mille fois plus grand, etc., selon que l'on aura ajouté deux, trois, quatre zéros, etc. ; car pour chaque zéro ajouté, tous les chiffres du nombre avancent d'un rang vers la gauche, et leur valeur relative devient 100 fois plus grande s'il y a deux zéros, 1000 fois plus grande s'il y en a trois, 10000 fois plus grande s'il y en a quatre, etc. Le nombre sera donc devenu tout entier ce même nombre de fois plus grand.

On exprime la même chose en disant qu'un nombre est *décuplé* une fois, deux fois, trois fois, etc., lorsqu'on ajoute à sa droite un, deux, trois, etc., zéros.

19. *Qu'arriverait-il si on retranchait des zéros à la droite d'un nombre ?*

Si l'on retranche des zéros à la droite d'un nombre, la valeur relative de chaque chif-

fre devenant dix, cent, mille fois plus petite, selon que l'on aura retranché un, deux
ou trois zéros, le nombre deviendra de même
dix, cent, mille fois plus petit.

QUESTIONS.

Écrire les dix nombres suivants :

1. Cent sept billions vingt mille trente.
2. Dix trillions soixante mille cent six.
3. Cent millions dix mille trois.
4. Vingt-cinq billions cent sept millions.
5. Six millions cent six mille neuf cent dix.
6. Vingt-quatre millions cent sept mille.
7. Dix millions neuf cent dix mille quatre cent douze.
8. Vingt billions cent un.
9. Cent millions dix-sept.
10. Vingt-cinq millions six cent vingt-cinq.
11. Combien y a-t-il de centaines dans un million ?
12. Combien y a-t-il de dizaines dans une centaine de mille ?
13. Combien y a-t-il de dizaines de mille dans une centaine de millions ?

14. Combien y a-t-il de dizaines dans une dizaine de billions ?

15. Combien y a-t-il de centaines de mille dans un billion ?

Écrire en toutes lettres les sept nombres suivants :

16. 1064300207.
17. 1064300207076 4205.
18. 2096000000640002.
19. 4060708090605060.
20. 7065430620007005.
21. 6054392006700800 5.
22. 9698430006070843 20.

23. Rendre dix mille fois plus grand le nombre deux cent mille vingt-sept et l'écrire en toutes lettres.

24. Rendre un million de fois plus grand le nombre dix mille cent dix et l'écrire en toutes lettres.

25. Rendre dix millions de fois plus grand le nombre deux mille six et l'écrire en toutes lettres.

26. Rendre cent mille fois plus grand le nombre cent mille deux cent seize et l'écrire en toutes lettres.

27. Rendre dix billions de fois plus grand le nombre deux cent dix et l'écrire en toutes lettres.

28. Rendre dix mille fois plus petit le nombre cent six millions et l'écrire en toutes lettres.

29. Rendre un million de fois plus petit le nombre cent vingt-trois billions et l'écrire en toutes lettres.

30. Rendre cent millions de fois plus petit le nombre six cent dix billions et l'écrire en toutes lettres.

CHAPITRE III.

DES DÉCIMALES.

20. *Qu'appelle-t-on décimales?*

On appelle *décimales* des unités qui sont de dix en dix fois plus petites que l'unité principale.

21. *Expliquez la formation des décimales?*

On a vu que le système de la numération reposait sur cette convention que les chiffres représentent des unités de dix en dix fois plus petites à mesure qu'on avance d'un rang vers la droite ; si on étend cette même convention aux chiffres placés à droite de celui des unités, ils exprimeront des unités nouvelles qui seront de dix en dix fois plus petites que les unités entières.

Ainsi le premier chiffre à droite des unités exprimera d'autres unités qui seront dix fois moindres, et que, par cette raison, on appellera *dixièmes*. Le deuxième chiffre exprimera des unités dix fois moindres que les dixièmes, c'est-à-dire cent fois moindres que les unités et qu'on appellera *centièmes*. Le troisième chiffre exprimera des unités dix fois plus petites que les centièmes, cent fois moindres que les dixièmes, mille fois moindres que les unités entières et que l'on appellera *millièmes*; viendront ensuite les *dix-millièmes*, les *cent-millièmes*, les *millionièmes*, etc., noms qui sont les mêmes que ceux adoptés pour les différents ordres d'unités dans les nombres entiers en y ajoutant la terminaison *ième*.

Les chiffres ainsi placés à la droite de la virgule, sont appelés *chiffres décimaux*, et l'on appelle *nombre décimal* tout nombre qui contient des chiffres décimaux.

On voit que la suite des unités entières et décimales offre la succession suivante :

1 6 4 | 0 3 0 | 0 2   7 ,   0 6 | 7 8 4 | 0 3 2

1	cent. de millions.
6	diz. de millions.
4	Millions.
0	cent. de mille.
3	diz. de mille.
0	Mille.
0	centaines.
2	dizaines.
7	UNITÉS.
0	dixièmes.
6	centièmes.
7	Millièmes.
8	dix-millièmes.
4	cent-millièmes.
0	Millionièmes.
3	dix-millionièmes.
2	cent-millionièmes.

dans laquelle on remarquera que les noms se correspondent exactement à droite et à gauche du
chiffre des unités ; mais comme la virgule se place
à droite de ce chiffre, il y a toujours un rang de
différence entre les ordres d'unités de nom sembla-
blable, comptés à partir de la virgule. Ainsi les dizaines et les dixièmes occupent le 1er rang à gauche
et à droite du chiffre des unités ; mais à partir de la
virgule, les dixièmes occupent le 1er rang à droite
et les dizaines le 2e à gauche. De même les millièmes
occupent le 3e rang à droite et les mille le 4e à
gauche, et ainsi des autres.

22. *Comment distingue-t-on les décimales des unités entières ?*

Pour distinguer les décimales des entiers,
on place une virgule entre le chiffre des
unités entières et celui des dixièmes ; s'il
n'y a pas d'unités entières, on met un zéro
pour en tenir la place. On a soin pareillement de mettre des zéros à la place des unités dont l'espèce pourrait manquer dans la
partie décimale, afin de conserver leur rang
aux unités suivantes.

Ainsi, cent quatre-vingts unités soixante-cinq
centièmes s'écriront 180,65, et vingt-cinq dix-millièmes s'écriront 0,0025.

23. *Que résulte-t-il de la conformité qui*

existe entre la numération des décimales et celle des nombres entiers?

Il résulte de la conformité de la numération des décimales avec celle des nombres entiers que dans toute l'étendue d'un nombre décimal chaque chiffre représente des dizaines, des centaines, des mille, etc., à l'égard de ceux qui le suivent de 1, 2 ou 3 rangs ; et des dixièmes, des centièmes, des millièmes, etc., à l'égard de ceux qui le précèdent de 1, 2 ou 3 rangs, etc.

24. *Comment énonce-t-on un nombre décimal, et un nombre entier, accompagné de décimales?*

On énonce un nombre décimal comme un nombre entier, mais en donnant aux unités du dernier chiffre à droite le nom qui leur convient eu égard à la place qu'il occupe. S'il y a un entier joint aux décimales, on énonce d'abord séparément la partie entière et ensuite la partie décimale.

Ainsi le nombre 257,080643 s'énoncera : 257 unités 80 mille 643 millionièmes. Le nombre 0,006407 s'énoncera 6 mille 407 millionièmes. Quelquefois on réunit dans l'énoncé la partie entière à la partie décimale. Ainsi le nombre 21,04 s'énoncera : vingt-une unités quatre centièmes, ou encore 2 mille 104 centièmes.

25. *Comment écrit-on sous la dictée un nombre décimal?*

Pour écrire sous la dictée un nombre décimal, on pose d'abord les unités entières s'il y en a; s'il n'y en a pas, on met un zéro pour en tenir lieu et à la droite une virgule; on ajoute ensuite la partie décimale qui s'écrit sous la dictée comme un nombre entier; mais on a soin de faire occuper au dernier chiffre à droite le rang qui convient à l'espèce de ses unités, en ajoutant, s'il le faut, des zéros entre la virgule et le premier chiffre significatif.

Pour cela on examine : 1° quel est l'ordre des unités énoncées; 2° combien il faut de chiffres pour écrire le nombre de ces unités, la différence donne le nombre des zéros s'il y en a, à placer entre la virgule et le premier chiffre significatif.

Ainsi, pour écrire 27 unités 46 dix-millièmes, on écrit d'abord le nombre 27 suivi d'une virgule; puis remarquant que les dix-millièmes occupent le 4ᵉ rang et que le nombre 46 a deux chiffres, on en conclut qu'il faut deux zéros entre la virgule et le premier chiffre significatif, ce qui donne 27,0046. Si l'on dicte 206 dix-millièmes. Remarquant que les dix-millionièmes occupent le 7ᵉ rang et que le nombre 206 a trois chiffres, on voit qu'il faut 4 zéros entre la virgule et le 2; on écrit donc 0,0000206.

26. *Qu'arrivera-t-il si l'on écrit les zéros à la suite d'un nombre décimal?*

Si l'on ajoute des zéros à la suite d'un nombre décimal, il ne change pas de valeur; car, si d'un côté le nombre d'unités que l'on énonce devient dix fois, cent fois, mille fois, etc., plus grand, selon que l'on aura ajouté un, deux ou trois zéros; de l'autre, l'espèce de ces unités devient autant de fois plus petite, puisque le dernier chiffre avance d'autant de rangs vers la droite qu'on a ajouté de zéros (en addition), il y a donc compensation, et le nombre ne change pas de valeur.

Ainsi, dans le nombre 0,25, si l'on ajoute deux zéros, on aura 2500 dix-millièmes au lieu de 25 centièmes; or, si d'un côté 2500 est cent fois plus grand que 25, de l'autre les dix-millièmes sont cent fois plus petits que les centièmes, le nombre perd donc d'un côté ce qu'il gagne de l'autre, et en effet, dans l'un et dans l'autre cas, il se compose simplement de 2 dixièmes et 5 centièmes, sans que les zéros y aient rien ajouté.

27. *Qu'arrivera-t-il si on déplace la virgule?*

Si l'on porte la virgule vers la droite, à

chaque rang dont elle avancera, chacun des chiffres qui composent le nombre représentera des unités de l'ordre immédiatement supérieur, et le nombre deviendra dix fois, cent fois, mille fois, etc., plus grand, selon que l'on aura fait marcher la virgule de 1, 2 ou 3 rangs. Si au contraire on la fait marcher vers la gauche, le nombre deviendra dix, cent, mille fois plus petit selon qu'elle sera avancée de 1, 2 ou 3 rangs, etc.

Ainsi le nombre 20,27, c'est-à-dire 20 unités 27 centièmes, deviendra dix fois plus grand si l'on écrit 202,7, puisqu'alors le chiffre des centièmes devient des dixièmes et celui des dixièmes des unités, etc. Au contraire, le nombre deviendrait mille fois plus petit en l'écrivant 0,02027, car au lieu de 2 mille 27 centièmes, il représenterait 2 mille 27 cent-millièmes.

———

QUESTIONS.

Écrire les cinq nombres suivants :

31. Deux mille cent trois unités vingt-sept dix-millièmes.

32. Deux cent quarante mille unités deux cent sept millionièmes.

33. Six millions vingt-sept mille cent six unités, vingt mille six cent quatre-millionièmes.

34. Mille soixante cent-millièmes.

35. Deux cent quarante-trois dix-millionièmes.

36. Combien y a-t-il de centièmes dans une
dizaine de mille ?

37. Combien y a-t-il de millièmes dans une centaine de mille ?

38. Combien y a-t-il de cent-millièmes dans
un million ?

39. Combien y a-t-il de dix-millionièmes dans
une centaine ?

40. Combien y a-t-il de cent-millionièmes dans
une centaine de mille ?

Écrire en toutes lettres les nombres suivants :

41. 207006,49005.
42. 6060743,000064.
43. 0,00060704.
44. 0,00006000401.
45. 100864370,0060943.

46. Rendre cent fois plus grand le nombre dix
mille vingt-cinq unités quarante-trois millièmes
et l'écrire en toutes lettres.

47. Rendre dix mille fois plus grand le nombre cent quarante-sept mille cent trois unités,
deux cent quarante-sept millièmes et l'écrire en
toutes lettres.

48. Rendre cent mille fois plus grand le nombre deux cents unités vingt-quatre millièmes et l'écrire en toutes lettres.

49. Rendre mille fois plus petit le nombre deux cent mille six cent quarante unités et l'écrire en toutes lettres.

50. Rendre mille fois plus grand le nombre deux cent sept dix-millièmes et l'écrire en toutes lettres.

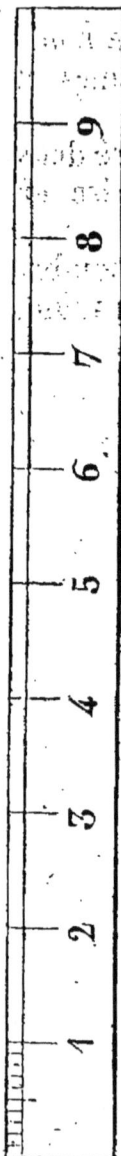

CHAPITRE IV.

SYSTÈME MÉTRIQUE DÉCIMAL.

28. *Qu'est-ce que le mètre?*

Le mètre est la nouvelle unité de longueur et en même temps l'unité principale du nouveau système de mesures, lesquelles dépendent toutes de la grandeur du mètre, ce qui lui a fait donner le nom de *système métrique*. On a choisi pour la grandeur du mètre la dix-millionième partie de la distance du pôle à l'équateur; en sorte que 40 millions de mètres donnent le tour de la terre.

Le mètre équivaut à 3 pieds 11 lignes 296 millièmes de ligne de l'ancien *pied de roi*. La figure ci-jointe montre un décimètre ou dixième de mètre dessiné de grandeur naturelle et divisé en 10 centimètres.

29. *Pourquoi le système métrique est-il appelé décimal?*

Le système métrique est appelé système *décimal,* parce que chacune des unités qui le composent en vaut dix de l'espèce suivante, en sorte que ces mesures suivent en tout l'ordre de la numération décimale.

30. *Qu'appelle-t-on multiples et sous-multiples?*

Les unités supérieures qui contiennent un certain nombre de fois une unité inférieure sont appelés *multiples,* et les unités inférieures qui sont contenues un certain nombre de fois dans une unité supérieure sont appelées *sous-multiples.*

31. *Comment forme-t-on les noms des multiples et sous-multiples de l'unité principale?*

Les noms des multiples se forment en ajoutant à celui de l'unité les mots : *déca,* c'est-à-dire dix; *hecto,* c'est-à-dire cent; *kilo,* c'est-à-dire mille; *myria,* c'est-à-dire dix mille; et les noms des sous-multiples se forment en plaçant devant le nom de l'unité les mots *déci,* c'est-à-dire dixième; *centi,* c'est-à-dire centième; et *milli,* c'est-à-dire millième.

2

Ainsi les multiples du mètre seront : le *décamè-tre* ou dix mètres, l'*hectomètre* ou cent mètres, le *kilomètre* ou mille mètres, le *myriamètre* ou dix mille mètres ; et ses sous-multiples seront le *déci-mètre* ou dixième de mètre, le *centimètre* ou cen-tième du mètre, le *millimètre* ou millième du mètre.

32. *Quelles sont avec le mètre les nou-velles unités de mesure ?*

Dans l'arpentage on emploie l'*Are*, on emploie le *Stère* pour mesurer les bois, et le *Litre* pour mesurer les liquides et les grains. Pour les poids on emploie le *Gramme* et pour les monnaies le *Franc*.

L'are est un carré de dix mètres ou un décamètre de côté ; le stère est un cube d'un mètre en tous sens ; le litre est un décimètre cube ; le gramme est le poids d'un centimètre cube d'eau pure ; le franc est la valeur de cinq grammes d'argent avec un dixième d'alliage. On voit que toutes les mesures dépendent de la grandeur du mètre.

Les noms des multiples et sous-multiples de ces unités se forment comme pour le mètre, seulement avec l'are on n'emploie que les mots *hectare* et *centiare*. Avec le stère on n'emploie que le *centistère*, enfin avec le franc on n'em-ploie que le dixième et centième de franc, qui, par exception, s'appellent *décime* et *centime*.

53. *Comment désigne-t-on ces unités d'une manière abrégée?*

Pour désigner les unités principales comme le mètre, le litre, etc., on met la lettre initiale de leur nom à droite et un peu au-dessus du chiffre des unités du nombre. Pour les subdivisions on écrit devant cette lettre un *d*, un *c*, ou un *m* minuscules que l'on en sépare par un trait. Pour les multiples on emploie au lieu de minuscules, les initiales majuscules des mots, *myria, kilo, hecto* et *déca.*

Ainsi, 26 litres, 72 mètres, s'écriront 26^l, 72^m; 87 millimètres s'écriront : $87^{m/m}$; 17 myriamètres s'écriront : $17^{M/m}$; 150 kilogrammes s'écriront : $150^{K/g}$ et non pas *kilo* ou k^g, ce qui ne désigne pas plus un kilogramme qu'un kilomètre ou un kilolitre.

54. *Que faut-il remarquer à l'égard des noms composés des nouvelles mesures?*

Les mots *myria, kilo, hecto, déca, déci, centi, milli,* ne sont qu'une autre manière de désigner les dizaines de mille, les mille, les centaines, les dizaines, les dixièmes, les centièmes et les millièmes de l'unité principale. D'après cela on peut appliquer aux diverses unités des nouvelles mesures les remarques qu'on a faites dans la numération

sur la grandeur relative des différentes espèces d'unités et sur l'effet produit par le
déplacement de la virgule.

Ainsi : 1° pour rendre cent fois plus grand le
nombre $23^m,604$, on l'écrira : $2360^m,4$, c'est-à-dire
que dans le premier cas il représentait vingt-trois
mètres six cents quatre millièmes, et dans le deuxième il représente deux mille trois cent soixante
mètres quatre dixièmes, nombre dans lequel chaque
chiffre représente des unités cent fois plus grandes;
2° pour trouver combien le myriamètre contient de
centimètres, il suffit de chercher combien une dizaine de mille contient de centièmes : et comme de
l'un de ces chiffres à l'autre il y a six rangs, cela fait
un million.

35. *Y a-t-il plusieurs manières d'exprimer une grandeur en mesures décimales?*

Pour exprimer une grandeur en mesures
décimales on peut parmi les mesures de
même espèce prendre pour unité tel multiple ou sous-multiple que l'on voudra, et il
suffira pour cela de donner à la virgule une
place convenable sans changer l'ordre des
chiffres, puisque chaque mesure est un
dixième à l'égard de celle qui précède, et
une dizaine à l'égard de celle qui suit, un
centième à l'égard de celle qui précède de
deux rangs, et une centaine à l'égard de celle

qui suit de deux rangs, etc.; seulement il faut avoir soin de donner aux décimales, s'il y en a, le nom qui leur convient d'après leur position à l'égard de l'unité nouvelle qu'on a choisie.

Ainsi la longueur exprimée par $177^m,024$, si l'on veut prendre le décimètre pour unité, s'écrira $1770^{dm},24$ et s'énoncera 1770 décimètres 24 centièmes. Si le décamètre était l'unité, elle deviendrait 17 décamètres 7024 dix-millièmes, en n'énonçant chaque fois qu'une espèce d'unité. Il serait cependant aussi exact de dire 17 décamètres 7024 *milli-mètres*, mais la 1re méthode est préférable.

36. *Quel usage fait-on de cette facilité de changer d'unité?*

On profite de cette facilité de changer d'unité pour comparer entre eux plus facilement deux nombres exprimés en multiples ou sous-multiples de la même unité principale, en les ramenant tous à être exprimés en unités de la même espèce.

Ainsi, ayant à comparer entre eux 17 myriagrammes 84 centièmes, c'est-à-dire, $17^{Mg},84$, 7 kilogrammes 4 dixièmes ou $7^{Kg},4$ et 26 grammes ou 26^g, on les exprimera par exemple en kilogrammes :

ce qui donne alors pour le 1er nombre $170^{Kg},840$

pour le 2e 7, 4

pour le 3e 0   026

2*

Ils seront alors tous exprimés en unités de même espèce.

37. *Étant donné le prix d'une unité, comment trouvera-t-on le prix d'une autre unité de même espèce?*

Étant donné le prix d'une unité dans le système métrique, pour trouver celui d'une unité multiple ou sous-multiple de la première, il suffira de nommer, à la place de l'unité dans le prix donné, une unité nouvelle qui soit un pareil multiple ou sous-multiple de l'ancienne. Car, par là, le prix cherché sera rendu plus grand ou plus petit que l'ancien, autant de fois que la nouvelle unité est plus grande ou plus petite que l'ancienne.

Ainsi le prix du mètre étant 6^f, celui du décimètre devra être dix fois plus petit, c'est-à-dire 0^f,6 ou 6 décimes. De même celui du centimètre serait 6 centimes. Le prix du kilomètre devrait être 1000 fois plus grand, ou 6000 fr., ce qui s'accorde avec la règle énoncée. C'est là un des avantages du système décimal.

QUESTIONS.

51. Écrire les cinq quantités suivantes :

1° Deux cent quarante mille mètres vingt-sept centièmes.

2° Un million dix mille trente mètres cent sept millièmes.

3° Deux millions six cent vingt-quatre mille deux cents kilogrammes cent quatre grammes.

4° Trois cents kilolitres deux cent sept millilitres.

5° Deux cent quarante milligrammes.

52. Combien y a-t-il de milligrammes dans un kilogramme?

53. Combien y a-t-il de décimètres dans un myriamètre?

54. Combien y a-t-il de centilitres dans cinq kilolitres?

55. Combien y a-t-il de centigrammes dans vingt-cinq myriagrammes?

56. Combien y a-t-il de centimètres dans trois cent six kilomètres?

57. Énoncer le nombre $21667^m,186$ en prenant le centimètre pour unité, et l'écrire en toutes lettres.

58. Énoncer le nombre $1042^m,26$ en prenant le décimètre pour unité, et l'écrire en toutes lettres.

59. Énoncer le nombre $102607^g,026$ en prenant le myriagramme pour unité, et l'écrire en toutes lettres.

60. Énoncer le nombre $80690^l,607$ en prenant l'hectolitre pour unité, et l'écrire en toutes lettres.

61. Énoncer le nombre $64^g,20$ en prenant le

kilogramme pour unité, et l'écrire en toutes lettres.

62. Rendre cent fois plus grand le nombre cent six mètres vingt-trois millimètres, et l'écrire en toutes lettres.

63. Rendre dix mille fois plus grand le nombre dix kilogrammes cent six grammes, et l'énoncer en toutes lettres.

64. Rendre dix mille fois plus petit le nombre mille cinquante litres, et l'énoncer en toutes lettres.

65. Rendre cent fois plus petit le nombre six mètres trois cents millimètres, et l'énoncer en toutes lettres.

66. Rendre dix mille fois plus petit le nombre vingt-sept litres trois décilitres, et l'énoncer en toutes lettres.

67. Le prix du litre étant 7 ^{f}, quels seront les prix de l'hectolitre et du kilolitre ?

68. Le prix du kilogramme étant 17 ^{f}, quels seront les prix du décagramme, du gramme et du centigramme ?

69. Le prix de l'are étant 65^f,85, quels seront les prix de l'hectare et du centiare ?

70. Le prix du décimètre étant 0^f,09, quels seront les prix du kilomètre, du mètre et du millimètre ?

CHAPITRE V.

DE L'ADDITION.

38. *Qu'est-ce que l'addition?*

L'addition est une opération qui a pour but de réunir plusieurs nombres de même espèce pour en former un seul que l'on appelle *somme* ou *total*.

On dit que les nombres doivent être de même espèce, parce que s'ils étaient d'espèce différente il serait impossible de donner au total un nom qui leur convînt à tous (1).

39. *Comment fait-on l'addition?*

Pour faire l'addition on pose d'abord tous

---

(1) A moins que ces objets de nature différente n'appartinssent à une même espèce plus générale; ainsi 4 chevaux et 4 moutons ne peuvent faire ni 8 chevaux ni 8 moutons; pour les réunir, il faudrait les considérer comme animaux, ce qui est l'espèce générale à laquelle ils appartiennent.

les nombres à additionner les uns sous les autres de manière que les unités de même espèce soient dans la même colonne verticale. On tire ensuite un trait sous lequel on écrira le total.

On commence l'opération par la première colonne à droite en ajoutant ensemble tous les chiffres qui la composent : si le total ne surpasse pas 9, on l'écrit au-dessous ; s'il surpasse 9 on n'écrit que le chiffre des unités, et l'on réserve les dizaines pour les ajouter à la colonne suivante dont les chiffres représentent aussi des dizaines.

On opère sur la deuxième colonne comme sur la première, et l'on continue ainsi jusqu'à la dernière, sous laquelle on écrit le total tel qu'on le trouve.

40. *Pourquoi faut-il commencer par la droite?*

On commence par la droite parce que le total partiel de chaque colonne devant être augmenté des dizaines qui proviennent de la colonne à droite; si on commençait par la gauche, les chiffres que l'on aurait posés sous chaque colonne devraient être changés chaque fois que la somme des chiffres de la colonne à droite renfermerait des dizaines.

Ainsi, ayant à trouver la somme des trois nombres suivants : 20350, 1749, 27977 ; on posera l'opération comme il suit :

$$
\begin{array}{r}
20350 \\
1749 \\
27977 \\
\hline
50076
\end{array}
$$

L'on dira 9 et 7 font 16, je pose 6 et je retiens 1, 1 de retenue et 5 font 6, et 4 font 10, et 7 font 17, je pose 7 et je retiens 1 ; 1 de retenue et 3 font 4, et 7 font 11, et 9 font 20, je pose 0 et je retiens 2 ; 2 de retenue et 1 font 3, et 7 font 10, je pose 0 et je retiens 1 ; 1 de retenue et 2 font 3, et 2 font 5, je pose 5 ; ce qui donne pour total 50076.

On peut encore dire en abrégeant, 9 et 7, 16 ; je pose 6 et retiens 1 et 5, 6 et 4, 10 et 7, 17 ; je pose 7 et retiens 1 et 3, 4, etc.

41. *Comment opère-t-on lorsque les nombres contiennent des décimales?*

La numération des décimales étant la même que celle des nombres entiers, c'est-à-dire chaque unité d'un certain ordre en représentant toujours dix de l'ordre de celles qui suivent, l'addition se fera exactement pour les décimales comme pour les nombres entiers, en ayant soin de conserver la vagule à la même place dans le total que dans les nombres que l'on additionne.

Ainsi, ayant à additionner les nombres décimaux 20,35, 1,7497 et 329,6, on posera l'opération comme il suit :

$$
\begin{array}{r}
20,35 \\
1,7497 \\
329,6 \\
\hline
351,6997
\end{array}
$$

Et dans le total on placera la virgule au rang qui lui convient, ce qui donne 351 unités 6997 dix millièmes.

42. *Comment s'assure-t-on que l'opération est bien faite ?*

Pour s'assurer que l'opération est bien faite, ce que l'on appelle faire la *preuve*, on peut remarquer d'abord que le total trouvé pour chaque colonne se compose de la somme des chiffres de cette colonne, plus les dizaines provenant de la colonne à droite.

Si donc on fait le total de la première colonne à gauche, et si ce total est le même que celui placé sous cette colonne, on en conclut qu'elle n'a été augmentée d'aucune retenue.

Mais si on trouve un total plus faible que celui placé sous la colonne, de deux unités par exemple, on les écrira au-dessous.

2° Ces deux unités sont les dizaines provenues de la colonne à droite. Les réunissant donc au chiffre placé sous cette colonne, on aura le total que doivent donner ses chiffres s'il n'y a pas eu de retenues ajoutées; mais s'il y en a eu, on s'en apercevra comme précédemment par la différence qu'il y aura entre la somme des chiffres de la colonne et le total placé dessous.

3° On ira ainsi de colonne en colonne jusqu'à la dernière pour laquelle on doit retrouver par l'addition des chiffres une somme égale à celle qui est placée dessous, puisque cette colonne n'a été augmentée d'aucune retenue.

4° Remarquons que cette seconde addition diffère de la première en ce qu'on n'ajoute pas à chaque colonne les retenues de la colonne à droite. On doit donc ordinairement trouver les seconds totaux plus faibles que les premiers, mais jamais plus forts; en sorte que dès que l'on trouve pour une colonne un deuxième total plus fort que le premier, c'est la marque qu'il y a une erreur, et il faudra la chercher.

Exemple. Soit l'addition des quantités

$$
\begin{array}{r}
87465 \\
3275 \\
46534 \\
8369 \\
283 \\
\hline
\end{array}
$$

Qui donnent pour total   145924

21320

L'addition étant commencée par la gauche, la 1re colonne donne pour total 12 au lieu de 14 ; il a donc eu 2 dizaines de la 1re colonne qui ont été ajoutées à ces 12 unités de la 1re colonne à gauche ; on les écrit au-dessous. Ces deux dizaines jointes au chiffre 5, placé sous la 2e colonne, donnent 25 pour le total des unités de cette colonne, et comme le total n'est en réalité que de 24, il en résulte qu'une dizaine est provenue de la 3e colonne, on l'écrit au-dessous ; cette dizaine jointe au chiffre 9 donne 19, le total véritable étant de 16, il y a 3 dizaines résultant de l'addition de la 4e colonne ; ces dizaines jointes au chiffre 2 qui est placé sous cette 4e colonne font 32 ; le total réel étant 30, il reste 2 dizaines à réunir au chiffre de la colonne à droite, ce qui fait 24 pour le total de cette colonne. Ce total étant exact, on en conclut que l'opération est bien faite.

43. *Cette méthode est-elle bien sûre?*

Si on fait une faute d'attention, on la retrouverait par cette méthode, puisque pour ne pas la retrouver, il faudrait commettre deux erreurs égales et dans le même sens, ce qui serait extraordinaire (1), surtout si après avoir fait l'opération en ajoutant les chiffres de haut en bas, par exemple, on fait la preuve en ajoutant de bas en haut. Une autre manière sera exposée après la soustraction.

———

QUESTIONS.

71. Une personne possède six mille deux cent sept francs en argent, soixante mille huit cent quarante francs en papier, cent quarante mille cinq cents francs en biens meubles et autres, quel est son avoir ?

72. Une personne a dépensé soixante-sept francs, elle en a prêté deux cents, elle en a perdu vingt, et il lui reste cinquante-six francs; combien avait-elle ?

73. Une maison a coûté dix-sept mille cinq

———

(1) Ce cas arriverait nécessairement si quelque chiffre mal fait était pris pour un autre, car alors l'erreur serait la même dans les deux opérations; mais dans cette circonstance il n'y aurait aucun moyen de découvrir l'erreur.

cents francs de principal; on a payé en outre
douze cents francs comptant, treize cent quatorze francs de droits et on y a fait quatre mille
trente-six francs de réparations, à combien revient cette acquisition?

74. Une personne a dépensé dans une année
quatre cent soixante-quinze francs pour sa nour-
riture, cent trente francs pour son logement,
deux cent quarante francs d'habits, deux cent
sept francs donnés aux pauvres et cinq cent huit
francs d'autres dépenses; combien a-t-elle dépensé en total?

75. Une personne est née en l'an mil huit cent
quatre, en quelle année aura-t-elle soixante-sept
ans?

76. Une personne charitable a laissé par testament six cents francs à un hôpital, mille deux
cent sept francs aux pauvres, quatre cent dix-
huit francs à sa paroisse et douze mille francs
pour fonder une école; quel est le montant de
ces différents legs?

77. Une personne a dépensé cinquante-cinq
francs, elle en a donné quatre aux pauvres, il
lui en reste trois cent trois, combien avait-elle
en total?

78. On a acheté un meuble qui coûtait deux
cent dix-sept francs, on l'a échangé contre un
autre en donnant cent cinquante-neuf francs de
retour, à combien revient le dernier?

79. On a acheté une terre qui a coûté dix

mille six cents francs; on y a fait quatre mille vingt-sept francs soixante centimes de dépense; en la vendant on a gagné deux mille trois cent soixante-douze francs quarante centimes; combien l'a-t-on revendue?

80. On compte dans le monde entier cent trente-neuf millions de *catholiques*, soixante-deux millions de *grecs*, cinquante-neuf millions de *protestants*, quatre millions de *juifs*, quatre-vingt-seize millions de *mahométans* et trois cent soixante-dix-sept millions d'*idolâtres* ; combien cela fait-il d'habitants pour toute la terre ?

81. Il y avait à Paris en 1827 quatre cent trois écoles primaires fréquentées par vingt-cinq mille cinq cent quatre-vingt-deux élèves des deux sexes, quarante écoles de charité avec dix mille quatre cent soixante élèves, quatre-vingt-quatorze colléges ou pensions renfermant sept mille six cent soixante-neuf jeunes gens et trois cent vingt-neuf pensionnats de demoiselles avec dix mille deux cent quarante élèves, combien cela fait-il d'écoles et d'élèves ?

82. Une marchande a acheté dix-sept francs vingt-cinq centimes de fruit, douze francs dix-sept centimes de légumes, six francs soixante-quinze centimes de salade, elle a gagné sur le tout huit francs soixante-dix centimes, combien a-t-elle reçu ?

83. Une pièce de drap a coûté cent quatre-vingt-dix francs treize centimes, le port et l'em-

ballage douze francs trente-huit centimes ; combien faut-il la revendre pour gagner vingt francs ?

84. Un receveur a touché le lundi deux cent quarante-sept francs six centimes, le mardi trente-huit francs quatre-vingts centimes, le mercredi huit cent neuf francs vingt-deux centimes, le jeudi seize francs soixante centimes, le vendredi dix francs douze centimes, le samedi cinq cent quatorze francs vingt-sept centimes, quelle est sa recette de la semaine ?

85. Un caissier a en or deux cent quatre-vingts francs ; en argent, six cent douze francs soixante quinze centimes ; en billon, vingt-huit francs trente-sept centimes ; il a, en outre, pour deux mille quarante francs de billets, quel est le total de sa caisse ?

86. Une cuisinière a acheté pour deux francs soixante-quinze centimes de poisson, douze francs quarante centimes de viande, six francs dix-neuf centimes de légumes et soixante francs de beurre, elle a en outre payé cent dix-sept francs huit centimes chez l'épicier et elle rentre avec un franc cinquante-huit centimes, combien avait-elle en sortant ?

87. Cinquante mètres de drap ont coûté neuf cent huit francs quinze centimes, combien faut-il les revendre pour gagner soixante-cinq francs ?

88. Quatre pièces d'étoffe contiennent la première soixante-deux mètres vingt-cinq centimètres, la seconde soixante-quatre mètres six

décimètres, la troisième cent deux mètres, la quatrième quatre-vingt-treize mètres cinq centimètres ; combien mesurent-elles en totalité ?

89. Un maître a employé cinq ouvriers, le premier a fait dix-sept mètres trente-six centimètres d'ouvrage, le second deux cent vingt-cinq mètres dix-huit centimètres ; le troisième cent quatre mètres deux décimètres, le quatrième vingt mètres six centimètres, le cinquième dix mètres trente-cinq centimètres ; combien ont-ils fait d'ouvrage en tout ?

90. Quelle somme faut-il pour s'acquitter à une personne qui doit sept cent cinquante francs pour son loyer, cent soixante-dix francs soixante centimes à son boulanger, deux cent quatre-vingt-sept francs dix-sept centimes à son boucher, quatre-vingt-treize francs dix centimes à l'épicier, cent vingt francs à son tailleur et mille quatre cent sept francs quatre-vingt centimes à divers créanciers?

91. Pour acquitter un mémoire on a payé successivement les sommes suivantes :

Premier à-compte, deux mille cent cinq francs; second, trois mille six cent dix francs; troisième, deux mille vingt-sept francs; enfin, pour solde, on a payé mille dix francs vingt-sept centimes ; quel était le montant de ce mémoire?

92. Quel est le total de six sommes d'argent dont la première est mille quarante francs dix centimes et dont les autres augmentent successive-

ment sur la précédente , la première de quatorze
francs vingt-cinq centimes, la seconde de cent six
francs huit centimes, la troisième de deux cent
soixante francs vingt-cinq centimes, la quatrième
de six francs sept centimes et la cinquième de
vingt-sept francs?

93. Pour faire une acquisition une personne a
été obligée d'emprunter d'une part six cent dix
francs quinze centimes , de l'autre mille sept
francs cinquante centimes; elle avait à elle neuf
cent trente francs; quelle est la somme qu'il lui
fallait payer?

94. Un voyageur a dépensé le premier jour
sept francs cinquante centimes, le second huit
francs trente-cinq centimes, le troisième huit
francs quatre-vingt-quinze centimes , le quatrième sept francs trente-cinq centimes; il a en
outre payé vingt francs quarante centimes pour
la voiture et deux francs sept centimes de baga-
ges ; enfin, il a donné six francs quinze centimes
aux pauvres; à combien revient son voyage ?

95. Un menuisier a fait vingt-trois mètres
soixante-quinze centimètres d'ouvrage en quinze
jours, puis quarante mètres dix-sept centimètres
en vingt-trois jours, puis enfin, soixante-sept
mètres six centimètres en quarante-deux jours;
combien a-t-il travaillé de jours et combien a-t-il
fait d'ouvrage ?

96. On a acheté un baril d'huile à brûler de
cent trois litres dix-sept centilitres au prix de cent

dix-sept francs vingt-sept centimes, un autre de quatre-vingt-dix-huit litres deux décilitres au prix de cent vingt francs vingt centimes, enfin un troisième de cent treize litres six centilitres au prix de cent trente-sept francs douze centimes; combien a-t-on acheté d'huile en total et combien a-t-on dépensé?

97. Un bijoutier a vendu quatre pièces d'argenterie à une personne, la première pèse six décagrammes, la seconde deux hectogrammes, la troisième cinquante-sept grammes et la quatrième vingt-deux décigrammes; quel est le poids total des objets vendus?

98. Une personne en marchant a parcouru le premier jour une distance de quatre myriamètres dix-sept centimètres, le second jour trente-deux kilomètres six dixièmes, le troisième jour quarante mille six cents mètres; on demande la distance totale parcourue, en mètres?

99. On demande la population de la *Normandie*, qui comprend la *Seine-Inférieure*, peuplée, en 1832, de six cent quatre-vingt-treize mille six cent quatre-vingt-trois habitants; le *Calvados* qui compte quatre cent quatre-vingt-quatorze mille sept cent deux habitants; l'*Eure* qui compte quatre cent vingt-quatre mille deux cent quarante-huit habitants; l'*Orne* peuplée de quatre cent quarante-un mille huit cent quatre-vingt-un habitants, et la *Manche* peuplée de cinq cent quatre-vingt-onze mille habitants?

3*

100. On a acheté d'une part six cents hectolitres deux dixièmes de houille pour mille sept cent
dix francs quinze centimes, quatre cent quarante hectolitres d'une autre espèce qui ont coûté
mille vingt-huit francs ; on a payé deux cent sept
francs quinze centimes pour le transport et deux
cent sept francs huit centimes de droits de toute
nature ; combien a-t-on acheté de houille et quel
est le prix total de ces deux articles réunis ?

CHAPITRE VI.

DE LA SOUSTRACTION.

44. *Qu'est-ce que la soustraction ?*

La soustraction est une opération qui a pour but de diminuer un nombre d'autant d'unités qu'il y en a dans un autre, ou bien de faire connaître de combien d'unités un nombre en surpasse un autre. Le résultat se nomme *reste* dans le premier cas, et *différence* dans le second.

45. *Comment fait-on la soustraction ?*

On écrit les deux nombres l'un sous l'autre (généralement le plus petit sous le plus grand) en les plaçant de manière que les unités de même espèce se correspondent verticalement, et l'on tire un trait sous le nombre inférieur. On commence ensuite l'opération par la droite ; l'on retranche le chiffre des unités du petit nombre de celui du grand, et l'on écrit le reste au dessous :

on opère de même pour la colonne des dizaines, pour celle des centaines, etc., et si aucun des chiffres du petit nombre n'est plus fort que celui qui lui correspond dans le plus grand, la soustraction se fera chiffre à chiffre et le résultat sera la différence des deux nombres, puisqu'il sera la réunion des différences dans chaque espèce d'unités.

Par exemple, on a à retrancher deux cent quatre-vingt-quatre du nombre cinq cent quatre-vingt-six, je les écris ainsi :

$$\begin{array}{r} 586 \\ 284 \\ \hline 302 \end{array}$$

On dira : de 6 ôté 4 reste 2, de 8 ôté 8 reste 0, de 5 ôté 2 reste 3 ; ce qui fait voir que le premier nombre contient de plus que le deuxième, 3 centaines, 0 dizaine et 2 unités, c'est-à-dire 302 unités.

46. *Que faut-il faire s'il arrive que dans le petit nombre certains chiffres soient plus forts que ceux qui leur correspondent dans le grand ?*

MÉTHODE DES EMPRUNTS. — Lorsqu'un des chiffres du petit nombre se trouve plus fort que celui qui lui correspond dans le grand, la différence étant toujours moindre que dix, il suffira, pour rendre la soustraction possible, d'emprunter sur le chiffre à gauche

du nombre supérieur une unité qui en vaudra dix de l'ordre de celui qui se trouve
trop faible, mais en ayant soin de compter
pour une unité de moins le chiffre sur lequel on a emprunté,

Par exemple, du nombre 27829
On veut retrancher   2925
                        _____
                          24904

On commence comme précédemment, mais arrivé
à la 3ᵉ colonne il est impossible de retrancher 9 de
8; on emprunte alors sur le 7 un mille qui vaut dix
centaines, ce qui fait 18, et on a soin ensuite de
dire : de 6 ôté 2 reste 4 ; afin de tenir compte de
l'emprunt; et pour ne pas l'oublier on pose ordinairement un point au-dessus du chiffre sur lequel on
a emprunté.

47. MÉTHODE DES REPORTS. — Lorsqu'un
des chiffres du nombre inférieur est plus
fort que celui qui lui correspond dans le
nombre supérieur, on ajoute à ce dernier
chiffre une dizaine, et la différence ne sera
pas changée, pourvu que l'on reporte cette
dizaine au chiffre à gauche du nombre inférieur; car il est évident qu'en ajoutant à deux
nombres une même quantité, on ne change
pas leur différence. Cette dernière marche
est beaucoup plus commode dans la pratique.

Ainsi dans l'exemple précédent on dira : de 9 ôté 5 reste 4, de 2 ôté 2, reste o, de 18 ôté 9 reste 9 et je retiens 1, 1 et 2 font 3 de 7 reste 4, de 2 ôté o reste 2.

On voit qu'il faut commencer par la droite, parce que les chiffres à gauche étant exposés à être diminués ou augmentés d'une unité (selon la manière dont on opère pour rendre possible la soustraction qui ne pourrait se faire sur le chiffre à droite); si l'on commençait par la gauche, les résultats auxquels on serait arrivé devraient être changés chaque fois qu'il y aurait lieu de rendre la soustraction possible par un emprunt ou par une addition.

48. *Que faut-il faire dans la méthode des emprunts si le chiffre à gauche est un zéro?*

S'il se trouve à droite un ou plusieurs zéros, comme on ne peut pas emprunter sur un zéro, il faut recourir au chiffre significatif suivant ; l'unité que l'on emprunte alors en vaut cent, mille, dix mille de l'ordre du chiffre pour lequel se fait l'emprunt, selon qu'il y aura un, deux ou trois zéros ; s'il y en a deux, par exemple, l'emprunt est d'un mille, on laisse 9 centaines sur le premier zéro, il en reste une ou 10 dizaines, on laisse 9 dizaines sur le deuxième zéro, il n'en reste plus qu'une que l'on ajoute au chiffre pour lequel on fait l'emprunt, mais en ayant soin dans la suite de l'opération de compter chaque zéro pour 9 et le premier chiffre significatif comme étant diminué d'une unité.

Par exemple :

$$
\begin{array}{r}
99 \\
20074 \\
\text{Soit la soustraction } 15096 \\
\hline
4978
\end{array}
$$

On dira : 6 ôté de 4, cela ne se peut, j'emprunte 1 qui vaut 10 et 4 font 14, de 14 ôté 6, reste 8 ; 9 ôté de 6, cela ne se peut, j'emprunte 1 sur le 2, qui vaut mille, je laisse 9 centaines sur le 1er zéro, 9 dizaines sur le 2e, il reste une dizaine et 6 font 16 ; dont ôté 9, reste 7 ; o de 9, reste 9 ; 5 de 9, reste 4 ; 1 de 1, reste o.

Si l'on opère par la méthode des reports, comme il n'y a pas d'emprunt à faire, il n'importe plus que le chiffre à gauche soit ou ne soit pas un zéro.

Ainsi, dans l'exemple précédent on dira : 6 de 14 reste 8 ; 1 d'emprunté et 9 font 10 ; de 17 reste 7 ; 1 d'emprunté et 0 fait 1, de 10 reste 9 ; 1 d'emprunté et 5 font 6, de 10 reste 4 ; 1 d'emprunté et 1 font 2 de 2 reste o.

La différence de ces deux manières d'opérer peut se peindre aux yeux comme il suit :

$$
\begin{array}{r}
\text{Dans la soustraction } 20074 \\
15096 \\
\hline
4978
\end{array}
$$

Pour rendre l'opération possible par la méthode

des emprunts, on a emprunté une dizaine sur le 7 pour faire 14 unités au lieu de 4, et une dizaine de mille dont on a laissé 9 mille, puis 9 centaines pour ajouter seulement une centaine aux 6 dizaines qui restaient, en sorte que le nombre supérieur est devenu

$$
\begin{array}{ccccc}
 & 1-9-9-16-14 \\
\text{D'où retranchant} & 1-5-0-\ 9-\ 6 \\
\hline
\text{on a pour reste} & \ \ 4\ \ \ 9\ \ \ 7\ \ \ \ 8
\end{array}
$$

Par la méthode des reports on a ajouté une dizaine au 4, et par suite une unité au 9, une dizaine au 7, et par suite une unité au zéro des centaines du nombre inférieur, et continuant de la sorte les deux nombres sont devenus :

$$
\begin{array}{ccccc}
 & 2-10-10-17-14 \\
 & 2-\ 6-\ 1-10-\ 6 \\
\hline
\text{Et le reste a été :} & \ \ 4\ \ \ 9\ \ \ 7\ \ \ \ 8
\end{array}
$$

comme précédemment.

49. *Que faut-il faire si les nombres contiennent des décimales?*

La numération des décimales étant la même que celle des nombres entiers, la soustraction se fait de la même manière, on a seulement l'attention de conserver dans le reste à la virgule la place qu'elle occupe dans les deux nombres.

Ainsi, ayant à retrancher 0,0254 de 6,24, on peut ajouter 2 zéros à droite de 6,24 et faire l'opération à l'ordinaire, en conservant dans le reste la place à la virgule.

$$6,2400$$
$$0,0254$$
$$6,2146$$

50. *Pourquoi place-t-on les unités de même espèce dans la même colonne?*

On place les unités de même espèce les unes sous les autres, parce qu'on ne peut retrancher l'une de l'autre que des unités de même espèce.

51. *Comment fait-on la preuve de la soustraction?*

On vérifie une soustraction en réunissant le reste au plus petit nombre; si on a bien opéré, le total doit reproduire le plus grand.

Exemple
$$27829$$
$$2925$$
$$24904$$
$$27829$$

Réunissant au plus petit nombre 2925 le reste trouvé 24904, le total reproduit le plus grand nombre 27829.

52. *Comment se sert-on de la soustraction pour vérifier une addition?*

Pour vérifier une addition par la soustraction, on passe un trait sur l'un des nombrés que l'on a additionnés, et on ajoute les nombres qui restent. Il en résulte un deuxième total que l'on écrit sous le premier; le retranchant ensuite de ce premier total, la différence doit être précisément le nombre que l'on a rayé.

Exemple

$$
\begin{array}{r}
2403 \\
\hline
124 \\
1749 \\
87 \\
\hline
4363 \\
1960 \\
\hline
2403
\end{array}
$$

Le total des quatres nombres 2403, 124, 1749 et 87 a été trouvé de 4363; ôtant le nombre 2403, le total n'est plus que de 1960, et la différence de ces deux totaux reproduit en effet le nombre 2403.

—

QUESTIONS.

101. Quelle est la différence entre neuf mille sept cent trois et douze mille huit cent dix-sept?

102. Quelle est la différence entre deux cent mille neuf cent douze unités neuf cent quarante millionièmes et cent soixante-dix mille six cent

cinquante-sept unités neuf cent quarante millièmes?

103. J'avais mille sept cent dix-huit kilog. douze grammes d'une marchandise; j'en ai cédé neuf cent quatre-vingt-sept décagrammes, combien m'en reste-t-il?

104. Un fermier tient cent vingt-sept hectares douze ares de terre; combien en a-t-il plus que son voisin qui en tient quatre-vingt-douze hectares huit centièmes?

105. Quel est l'excédant de cent douze mille unités seize centièmes sur quatre-vingts unités cent quarante millièmes?

106. Je devais six mille dix-huit francs, j'ai payé quatre mille vingt-sept francs douze centimes, combien dois-je encore?

107. Un détaillant a acheté six mille huit cent soixante litres de vin, on lui en a livré sept cent vingt litres; combien doit-on lui livrer encore?

108. On a vendu pour dix mille huit cent dix francs vingt centimes de marchandises; on y a gagné neuf cent dix francs quarante cinq centimes : combien avait-on déboursé?

109. Pierre possède cent dix mille huit cent trente francs; Paul en possède cent vingt mille huit cent douze; de combien est-il plus riche que Pierre?

110. La monarchie française a commencé en l'an quatre cent vingt; combien avait-elle duré en l'an mil sept cent quatre-vingt-douze?

111. Sur un mémoire de mille soixante francs, on en a payé six cent dix, combien doit-on encore payer?

112. Un fournisseur devait livrer deux millions dix-sept mille soixante kilogrammes de fer, il en a livré neuf cent quarante mille vingt-sept kilogrammes, que lui reste-t-il à livrer pour compléter sa fourniture?

113. Charles est né en mil huit cent quatre; quel âge aura-t-il en mil huit cent soixante-sept?

114. Paul est né en mil six cent vingt-cinq et est mort en mil six cent quatre-vingt trois; quel était son âge?

115. Une personne devait dix mille cent six francs soixante centimes, elle a payé trois mille sept cent dix francs quarante-cinq centimes; combien doit-elle encore?

116. On a acheté un cheval cinq cent dix francs et revendu sept cents francs; combien a-t-on gagné?

117. La différence de deux nombres est 9064; le plus grand est 60407, quel est le plus petit?

118. Un mémoire s'élevait à deux mille six cent huit francs douze centimes; on y a fait une réduction de deux cent cinquante-quatre francs quinze centimes; combien faudra-t-il payer?

119. Un négociant a fait un achat de six cent mille cent vingt francs soixante centimes de coton; il l'a revendu cinq cent quarante-sept mille deux cents six francs trente centimes; quel est le résultat de son opération?

120. Trois banquiers ont gagné en commun un million sept cent mille francs ; le premier doit toucher six cent quatre-vingt mille soixante francs vingt centimes, le second quatre cent mille cent quarante francs quarante-cinq centimes, quelle sera la part du troisième ?

121. Un entrepreneur réclamait pour un travail une somme de cent vingt-cinq mille six cent neuf francs soixante-dix-sept centimes, on lui a fait subir une réduction de deux mille vingt-sept francs quatre-vingts centimes ; il a déjà reçu cinquante-sept mille deux cents francs et on lui retient trois mille six cents francs pour garantie de son ouvrage ; combien doit-il toucher en ce moment ?

122. Un fermier devait à son propriétaire une somme de douze mille francs, il a fait un premier paiement de deux mille francs, un second de mille sept cent dix-sept francs vingt centimes et un troisième de quatre mille soixante francs ; combien doit-il encore ?

123. Un intendant a reçu la première année soixante mille cent dix-sept francs vingt centimes, la seconde quarante mille huit cent neuf francs quatre-vingts centimes et la troisième soixante-dix mille quatre francs cinq centimes ; il a payé en frais de toute nature, la première année huit mille cent dix-sept francs soixante centimes, la seconde douze mille quarante francs et la troisième sept mille huit cent vingt-cinq francs

vingt-sept centimes; de quelle somme est-il re-
devable envers son maître ?

124. Un voyageur a parcouru le premier jour
soixante-dix kilomètres vingt-cinq mètres, le
deuxième cent dix kilomètres cent soixante mètres ; quel chemin total a-t-il fait et quel chemin
lui restera-t-il à faire lorsqu'en revenant il aura
parcouru cent cinquante kilomètres ?

125. Le père, la mère et le fils réunissant ensemble cent quatre-vingt-sept ans, quel est l'âge
du fils, sachant que le père a soixante-dix-huit
ans et la mère soixante-neuf, et quel age auront
le père et la mère, lorsque le fils aura cinquante
ans ?

126. Un emprunteur a reçu d'une première
personne dix mille vingt-sept francs, d'une seconde trois mille six cents francs quarante centimes, de la troisième douze mille vingt-huit
francs treize centimes ; il a rendu à la première
six mille dix-huit francs trente-cinq centimes, à
la seconde deux mille vingt francs, à la troisième
huit mille cent neuf francs quatre-vingt centimes;
combien avait-il emprunté, combien a-t-il rendu
en somme et que doit-il à chacun ?

127. Un père a laissé une succession évaluée
à vingt-huit mille francs en biens mobiliers, cent
quatre-vingt mille six cents francs en biens fonds,
il a laissé en même temps huit mille sept cent
quatre-vingt-sept francs vingt centimes de dettes;
combien reste-t-il à partager entre ses hériters ?

128. Un propriétaire avait acheté six cents

hectares vingt-sept ares de terre, il en a cédé
cent dix ares quinze centiares à l'un de ses fer-
miers et deux cents ares quatre-vingt centiares à
un autre; que lui reste-t-il ?

129. Un père a laissé par son testament un
bien valant cent vingt-cinq mille francs à son fils
aîné et un autre de quatre-vingt-quinze mille sept
cent vingt francs au second; il a laissé en outre
de l'argent à partager entre eux; combien faudra-t-il que le premier donne au second pour que
leurs droits au reste de la fortune deviennent
égaux ?

130. Un ouvrier s'est engagé à faire cent
vingt-sept mètres d'ouvrage pour la somme de
huit cent vingt-cinq francs quatre-vingt-quinze
centimes; il en a fait quatre-vingt-douze mètres
soixante centimètres et a reçu cinq cent dix-sept
francs cinquante centimes; combien lui reste-t-il
d'ouvrage à faire et d'argent à recevoir ?

131. Il est entré dans un magasin deux mille sept
cent dix-huit kilogrammes de marchandises valant mille deux cent treize francs vingt centimes;
puis vingt mille trois cent vingt kilogrammes cinq
hectogrammes valant douze mille cent dix francs
quinze centimes; on a vendu cinq mille six cent
dix-huit kilogrammes trois hectogrammes pour
une valeur de trois mille sept cent neuf francs
cinquante centimes; combien reste-t-il de marchandise et combien faut-il la vendre pour gagner deux mille francs sur le tout ?

132. Il y avait dans un magasin mille neuf

cent douze hectolitres cinquante-sept litres de blé; il en est entré six cents hectolitres et il en est sorti mille deux cents hectolitres dix-huit litres; combien faut-il y en introduire encore pour le porter à trois mille hectolitres?

153. Dans trois opérations un négociant a gagné deux cent dix mille soixante francs vingt centimes; on sait que la première a produit quatre-vingt-douze mille six cents francs, et la seconde cinquante-deux mille vingt-sept francs dix-huit centimes; on demande combien a produit la troisième?

134. Paul devait à Pierre soixante francs, Pierre devait à Jacques la somme de quatre-vingt-dix mille francs, et enfin Jacques devait à Paul cent dix mille francs; Jacques a donné à compte sa créance sur Pierre; on demande ce que deviennent alors leurs dettes mutuelles?

135. Lucien devait à ses créanciers deux mille trois cent dix-huit francs soixante-dix centimes; Robert devait de son côté mille cinq cent dix-huit francs soixante centimes; ils ont joué ensemble huit cents francs de leurs dettes et Robert a perdu; que sont devenues les sommes dues par chacun?

136. Louis doit à François quatre-vingt mille six cent sept francs soixante centimes; François doit à Benjamin soixante mille dix-huit francs vingt centimes; il leur survient à chacun une somme de vingt-quatre mille sept cent neuf francs quinze centimes; on demande ce qu'ils ont cha-

cun, en supposant qu'ils emploient d'abord cet argent à diminuer les dettes?

137. Julien doit à Léon dix mille vingt-huit francs quinze centimes; Léon doit à Félix quinze mille cent vingt-sept francs douze centimes; chacun d'eux doit faire un paiement de cinq mille deux cent dix-sept francs, et Léon paie pour lui et pour les deux autres; on demande ce que deviennent leurs dettes respectives?

138. L'Amérique a été découverte l'an de N.-S. mil quatre cent quatre-vingt-douze; on demande combien il s'est écoulé de temps depuis la création jusqu'à ce moment, sachant que N.-S. J.-C. est né en l'an quatre mil quatre du monde, et depuis cette découverte jusqu'en mil huit cent trente-six?

139. La cathédrale de Paris a été commencée en mil cent soixante-deux; combien d'années d'existence avait-elle en mil huit cent?

140. Jules devait à Edouard cent dix-sept billes, Edouard en devait deux cent trois à Henri, et Henri six cent sept à Victor; en deux parties Edouard en a gagné cinquante-quatre à Jules, et Henri deux cent vingt à Victor; que sont devenues leurs dettes respectives?

4

CHAPITRE VII.

DE LA MULTIPLICATION.

53. *Qu'est-ce que la multiplication ?*

La multiplication est une opération qui a pour but de répéter un nombre que l'on appelle *multiplicande*, autant de fois qu'il y a d'unités dans un autre nombre que l'on appelle *multiplicateur*; le résultat de l'opération se nomme *produit*.

54. *Quel nom donne-t-on en commun au multiplicande et au multiplicateur ?*

Le multiplicande et le multiplicateur sont appelés les *facteurs* du produit.

55. *Quel rapport y a-t-il entre la multiplication et l'addition ?*

La multiplication peut être considérée comme une manière abrégée de faire l'addition; puisqu'il est clair que l'on parviendrait également au produit en additionnant le multiplicande écrit autant de fois que le multiplicateur contient d'unités ; mais cette méthode serait impraticable pour de grands nombres.

56. *Comment définit-on encore la multiplication ?*

On définit encore la multiplication, une opération qui a pour but de trouver un nombre appelé produit, qui soit composé à l'égard du multiplicande comme le multiplicateur l'est à l'égard de l'unité.

D'après cette définition :

1° Si le multiplicateur se compose d'un certain nombre de fois l'unité, le produit sera égal au multiplicande, répété autant de fois, comme on le dit dans la première définition.

Si, par exemple, le multiplicateur est 6 et le multiplicande 12. Le produit devant être composé avec 12 comme 6 l'est avec 1, et puisque 6 contient 6 fois 1, le produit devra contenir 6 fois 12 ; c'est-à-dire qu'il sera égal à 12 répété 6 fois.

2° Si le multiplicateur est l'unité, le produit sera égal au multiplicande.

C'est ce que l'on exprime lorsque l'on dit que 1 *ne multiplie pas* ; en effet, multiplier par 1, ou prendre le multiplicande une fois, c'est le laisser tel qu'il est.

3° Enfin, si le multiplicateur est plus pe-

tit que l'unité, le produit sera plus petit que
le multiplicande.

Ainsi, multiplier 24 par 0,1, c'est chercher un
nombre qui soit composé avec 24 comme 0,1 l'est
avec l'unité. Or 0,1 est la dixième partie de l'unité;
donc le produit devra être la dixième partie de 24,
ou encore, si on peut se permettre cette expres-
sion, 24 *pris un dixième de fois,* il sera donc 2,4.

57. *Que devient le produit lorsque l'un
des facteurs ou tous les deux deviennent* 10,
100, 1000 *fois plus grands ou plus petits?*

Il résulte de la définition de la multiplication que si l'un des facteurs est rendu un
certain nombre de fois plus grand, le produit sera rendu le même nombre de fois plus
grand. Si, par exemple, le multiplicande est
rendu 10 ou 100 fois plus grand, en répé-
tant un même nombre de fois ce multiplicande
devenu 10, 100, 1000 fois plus grand, le
produit deviendra nécessairement lui-même
10, 100, 1000 fois plus grand.

Ainsi le produit de 4 par 3 étant 12, si au lieu de
prendre trois fois 4 unités on prend trois fois 4 centaines ou 400; au lieu d'avoir pour produit 12 unités, on aura 12 centaines ou 1200.

2° Si c'est le multiplicateur qui devient
10, 100, 1000 fois plus grand, le multiplicande étant répété 10, 100, 1000 fois plus,

le produit sera pareillement 10, 100, 1000 fois plus grand.

En effet, le produit de 4 par 3 étant 12, si au lieu de prendre 4 trois fois on le prend 10 fois plus ou 30 fois, ce sera comme si on répétait 10 fois l'opération précédente, le produit sera donc 10 fois plus grand, c'est-à-dire qu'il sera 120.

3° Enfin, si le multiplicande et le multiplicateur deviennent chacun de leur côté 10, 100, 1000 fois plus grand, le produit sera décuplé autant de fois que l'est chaque facteur. En effet, si le multiplicande, par exemple, devenait cent fois plus grand, le multiplicateur restant le même, le produit serait cent fois plus grand ; mais, si en même temps le multiplicateur devient dix fois plus grand, le produit sera encore décuplé une fois, il le sera donc trois fois, c'est-à-dire, en somme autant de fois que les deux facteurs.

Ainsi le produit de 4 par 3 étant 12, celui de 400 par 30 sera décuplé trois fois, c'est-à-dire qu'il sera 12000.

4° Le contraire aurait lieu si, au lieu de devenir plus grands, les facteurs devenaient plus petits.

58. *Qu'appelle-t-on intervertir l'ordre des facteurs ?*

On intervertit l'ordre des facteurs quand

4*

on met le multiplicateur à la place du multiplicande et le multiplicande à la place du multiplicateur.

59. *Peut-on intervertir l'ordre des facteurs?*

On peut intervertir l'ordre des facteurs sans changer le produit, c'est-à-dire, par exemple, que si on multiplie 5 par 4 ou 4 par 5, le résultat sera toujours le même. On peut peindre aux yeux l'opération en écrivant quatre fois une ligne de cinq unités, comme il suit :

```
11111
11111
11111
11111
```

et le produit s'obtiendra en comptant le nombre total des unités. Or, il est clair que ce nombre peut être considéré comme composé de *cinq* unités répétées *quatre* fois si on les compte horizontalement, ou de *quatre* unités répétées *cinq* fois, si on les compte verticalement ; or le montant total sera toujours nécessairement le même ; donc, on peut indifféremment répéter quatre fois le nombre 5 ou cinq fois le nombre 4 sans rien changer au produit.

60. *Quel est le principal usage de la multiplication?*

La multiplication sert principalement à connaître le prix d'un nombre d'unités quand on connaît le prix de chacune, ou en général à connaître ce que l'on aura pour un certain nombre d'unités, sachant ce que l'on a pour l'une d'elle.

Ainsi, sachant que la toise vaut 6 pieds, on trouvera combien 255 toises valent de pieds en multipliant 255 par 6.

61. *Que faut-il remarquer lorsque le multiplicande, ou le multiplicateur, ou tous les deux sont des nombres concrets?*

Quelle que soit la nature des unités du multiplicande et du multiplicateur, on opère comme si tous les deux étaient des nombres abstraits et on donne aux unités du produit le nom qui leur convient d'après l'énoncé de la question (1).

Ainsi un mètre d'étoffe coûtant 20^{fr}; si l'on demande le prix de 3^m, il faudra multiplier 20 par 3 et le produit sera des francs. Si l'on suppose au contraire que l'on ait pour un franc 3 mètres d'étoffe, et si on demande combien on en aura pour 20 francs, on multipliera 3 par 20 et le produit sera des mètres.

_____

(1) Cette remarque est importante; car, dans la me-

D'après cela on profite de la liberté que l'on a d'intervertir l'ordre des facteurs et l'on prend pour multiplicateur celui des deux facteurs qui rend l'opération plus facile.

Ainsi, dans cette question, un mètre de drap coûte 20 fr., combien coûteront 958 mètres de drap, au lieu de multiplier 20 par 958, on multiplie 958 par 20 ce qui est plus facile comme nous le verrons plus tard, et le produit sera des francs.

62. *Comment trouve-t-on le produit des neuf premiers nombres l'un par l'autre?*

Le produit des neuf premiers nombres l'un par l'autre se trouve en formant ce que l'on appelle une *Table de Pythagore,* du nom de son inventeur. Elle se compose de 9 bandes offrant chacune les produits des 9 premiers nombres par 1, par 2, par 3, etc. La première bande horizontale se compose des 9 premiers chiffres, la deuxième (ou les produits par 2) se forme en ajoutant chaque chiffre à lui-même, la troisième (ou produits par 3) en ajoutant chaque chiffre à son produit par 2 et ainsi des autres.

---

sure des surfaces en géométrie, on multiplie entre eux des nombres d'unités de longueur, et le produit exprime des unités de surface.

D'après cela, cherchant le multiplicande dans la bande supérieure et descendant jusqu'à ce qu'on se trouve en face du multiplicateur dans la colonne à gauche, le nombre ainsi trouvé sera le produit.

1	2	3	4	5	6	7	8	9
2	4	6	8	10	12	14	16	18
3	6	9	12	15	18	21	24	27
4	8	12	16	20	24	28	32	36
5	10	15	20	25	30	35	40	45
6	12	18	24	30	36	42	48	54
7	14	21	28	35	42	49	56	63
8	16	24	32	40	48	56	64	72
9	18	27	36	45	54	63	72	81

63. *Comment fait-on la multiplication d'un nombre de plusieurs chiffres par un nombre d'un seul chiffre?*

Pour multiplier un nombre de plusieurs chiffres par un nombre d'un seul chiffre, il faut multiplier successivement le chiffre des unités du multiplicande, celui de ses dizaines, celui de ses centaines, etc. par le multiplicateur ; et réunir ces produits partiels ; il est évident qu'ayant répété successivement chacune des parties du multiplicande autant de fois qu'il y a d'unités dans le multiplicateur, la somme des produits obtenus vaudra autant que ce multiplicande entier répété le même nombre de fois.

Pour faire l'opération, on écrit le multiplicateur sous le multiplicande et on souligne le tout comme dans l'exemple suivant :

$$
\begin{array}{r}
3125 \\
6 \\
\hline
18750
\end{array}
$$

Puis on multiplie d'abord les unités par 6, ce qui donne 30, on écrit le chiffre des unités qui est zéro et on retient les 3 dizaines pour les réunir au produit des dizaines. Ce dernier produit est 12 auquel joignant 3 on a 15 ; on pose les 5 dizaines à la gauche du zéro et on retient la centaine ; le produit des centaines est 6, auquel on ajoute 1, ce qui donne 7, que l'on pose à gauche des 5 dizaines ; le produit des mille est 18 que l'on n'augmente d'aucune retenue, puisqu'il n'y en a pas, et que l'on pose simplement à gauche des centaines, ce qui donne pour produit 18750.

On commence par les unités, parce que les dizaines, centaines, mille, etc. *que l'on retient* s'ajoutent naturellement au produit du chiffre suivant avant qu'il soit écrit, tandis que si l'on commençait par la gauche, le chiffre des dizaines, par exemple, étant déjà posé lorsqu'on multiplie les unités, les dizaines qui proviennent de la multiplication des unités ne pourraient plus s'y ajouter.

64. *Comment opère-t-on lorsque les deux facteurs ont chacun plusieurs chiffres?*

1° Lorsque les facteurs sont composés de plusieurs chiffres, après avoir disposé l'opération comme précédemment, on multiplie le multiplicande successivement par chacun des chiffres du multiplicateur en commençant par celui des unités, pour lequel on opère comme lorsqu'il n'y a qu'un seul chiffre au multiplicateur.

2° On passe ensuite au chiffre des dizaines du multiplicateur, par lequel on multiplie comme s'il représentait des unités simples; mais comme la multiplication par un nombre de dizaines donne des dizaines (57) on place le premier chiffre de ce produit partiel sous le chiffre des dizaines du produit précédent.

3° On multiplie pareillement par le chiffre des centaines du multiplicateur comme s'il représentait des unités simples, et pour exprimer que ce sont des centaines que l'on obtient au produit, on place le premier chiffre sous celui des centaines du premier produit; on opère de même pour le chiffre des mille et pour les suivants.

4° Enfin on fait la somme de tous les produits partiels pour avoir le produit total.

Exemple. Soit à multiplier 647 par 925.

Je dispose ainsi l'opération :

$$
\begin{array}{r}
647 \\
925 \\
\hline
3235 \\
1294 \\
5823 \\
\hline
598475
\end{array}
$$

Je multiplie d'abord 647 par 5, ce qui me donne pour premier produit partiel 3235 ;

Je multiplie ensuite 647 par 2, ce qui me donne pour deuxième produit partiel 1294 ; mais comme c'est par 2 dizaines que je multiplie, il faut placer le chiffre 4 de ces unités sous le chiffre 3 des dizaines du premier produit.

Je multiplie ensuite par 9, ce qui donne 5823, et comme en réalité c'est par 900 qu'on multiplie, on place le chiffre 3 des unités de ce produit sous le chiffre 2 des centaines du premier ; le total donne 598475.

65. *Si l'un des facteurs, ou tous les deux se terminent par des zéros?*

Si l'un ou l'autre des facteurs est terminé par des zéros, on les supprime; ce qui rend

chaque facteur de dix en dix fois plus peti
pour chaque zéro que l'on supprime; l
produit devient aussi de dix en dix fois plu
petit pour chaque zéro supprimé (57). l
faut donc décupler le produit autant de fo
que l'on aura supprimé de zéros en tou
c'est-à-dire, lui ajouter autant de zéro
que l'on en a supprimé dans les deux fac
teurs.

Exemple : Soit à multiplier 1900 par 240.

Je pose ainsi l'opération :

$$\begin{array}{r} 19 \\ 24 \\ \hline 76 \\ 38 \\ \hline \end{array}$$

Ce qui donne pour résultat 456

Mais la suppression de chaque zéro rendant le pro
duit dix fois plus petit, il faut le rendre dix fois plu
grand autant de fois qu'on a supprimé un zéro, c
que l'on fait en écrivant 3 zéros à la suite de c
produit, ce qui donne pour résultat 456000.

66. *Que faudrait-il faire si les zéros se
trouvaient mêlés parmi les chiffres significatifs du multiplicande ou du multiplicateur?*

1° S'il se trouve des zéros parmi les chif
fres du multiplicande, on opère comme à
l'ordinaire; seulement, on pose zéro lors

5

que le chiffre auquel on arrive dans le multiplicande est un zéro, à moins qu'il ne se
trouve des unités de retenue provenant de
la multiplication du chiffre précédent.

Exemple :　　　4005

$$\begin{array}{r} 4005 \\ \underline{7} \\ 28035 \end{array}$$

Je dirai 7 fois 5 font 35, je pose 5 aux unités et je
retiens 3 dizaines ; 7 fois o font o ; mais il y a 3
dizaines de retenue que je pose ; 7 fois o font o, et
comme il n'y a pas de retenue je pose o ; 7 fois 4
font 28, que je pose.

2° Si les zéros se trouvent au multiplicateur, comme la multiplication par zéro ne
donne rien, on les passe, mais, au lieu d'a-
vancer le chiffre des unités du produit suivant seulement d'un rang vers la gauche,
on a soin de le faire avancer en outre d'autant de rangs vers la gauche qu'il y a de
zéros intercalés au multiplicateur, afin de
conserver aux unités de ce produit partiel
leur véritable valeur ; puisqu'elles deviennent dix fois plus grandes à chaque zéro qui
fait avancer d'un rang vers la gauche le chiffre par lequel on multiplie (57).

Exemple :
$$
\begin{array}{r}
9247 \\
6003 \\
\hline
27741 \\
55482 \\
\hline
55550741
\end{array}
$$

La multiplication par 3 unités donne 27741; la multiplication par 6 donne 55482; si le 6 représentait des dizaines, on placerait le 2 du nombre 55482 sous le chiffre 4 des dizaines du premier nombre; mais, à cause des 2 zéros intercalés entre le 6 et le 3, ce chiffre 6 représente des mille, c'est-à-dire des unités cent fois plus grandes que les dizaines, il faudra donc exprimer que le produit 55482 représente des mille, c'est-à-dire l'avancer de 3 rangs vers la gauche au lieu de deux, ce qui revient à le faire marcher d'autant de places vers la gauche qu'il y a de zéros, à partir de celle qu'il aurait occupée.

67. Si les deux facteurs ou l'un d'eux se terminaient par des décimales ?

Si l'un des facteurs ou tous les deux renferment des décimales, on supprime la virgule, et, après avoir multiplié à l'ordinaire, on sépare ensuite dans le produit autant de chiffres décimaux qu'il y en avait dans les deux facteurs; en effet, supprimer la virgule revient à décupler chaque facteur autant de fois qu'il a de chiffres décimaux : le produit se trouve donc décuplé de la même manière, c'est-à-dire, autant de fois qu'il y a de chif-

fres décimaux dans les deux facteurs; il faudra donc ensuite le rendre autant de fois plus
petit, ce qui revient à lui retrancher autant
de chiffres décimaux qu'il y en avait dans
les deux facteurs réunis.

Exemple : Soit à multiplier 25,247 par 46,3.

Je pose ainsi

$$
\begin{array}{r}
25247 \\
463 \\
\hline
75741 \\
151482 \\
100988 \\
\hline
11689361
\end{array}
$$

Et j'ai pour produit 11689361.

Mais la suppression de la virgule rendant le produit
dix fois plus grand pour chaque décimale suppri-
mée dans les facteurs, il faudra le rendre un même
nombre de fois plus petit, ce que l'on obtiendra en
séparant sur la droite quatre chiffres décimaux, ce
qui donne pour résultat final 1168,9361.

Il est bon de remarquer que si les décimales
étaient terminées par des zéros, il faudrait d'abord
les supprimer sans en tenir compte, puisqu'ils sont
inutiles (26).

68. *Que faut-il faire si l'un des facteurs*
est terminé par des zéros et l'autre par des
décimales.

1° Si l'un des facteurs est terminé par des
zéros et l'autre par des décimales, et si le

nombre des zéros est précisément égal à celui des décimales, on supprimera la virgule d'une part, les zéros de l'autre, et opérant à l'ordinaire le produit aura sa véritable valeur. Car, s'il y avait, par exemple, deux zéros dans l'un des facteurs et deux décimales dans l'autre, la suppression des zéros a rendu le produit cent fois plus petit, la suppression de la virgule l'a rendu cent fois plus grand, il y a donc compensation.

Ainsi le produit de 0,064 par 25000, sera le même que celui de 64 par 25, ou 1600.

2° Si le nombre des chiffres décimaux et des zéros n'est pas le même dans les deux facteurs, on pourra d'après ce qui précède : 1° Si le nombre des zéros est le plus grand, supprimer la virgule en effaçant autant de zéros qu'il y avait de décimales, ou 2° Si le nombre des zéros est le plus petit, effacer les zéros en reculant la virgule sur la droite d'autant de rangs qu'il y avait de zéros, après quoi on opérera à l'ordinaire.

Ainsi multiplier 250000 par 3,54 revient à multiplier 2500 par 354. Et multiplier 2500 par 0,0354 revient à multiplier 25 par 3,54.

On voit que cela se réduit dans la pratique à supprimer de part et d'autre les zéros et des décimales, puis à ajouter au produit le nombre de zéros qui dépassait celui des décimales, ou à séparer le nombre de décimales qui dépassait celui des zéros.

QUESTIONS.

141. 257 paniers contiennent chacun 325 oranges, combien cela fait-il en tout?

142. Un jour se composant de 24 heures et l'heure de 60 minutes, combien y a-t-il de minutes dans un jour?

143. Une forêt se compose de 7047 hectares et l'on compte 6127 pieds d'arbre par hectare; combien y a-t-il d'arbres dans cette forêt?

144. Le poids moyen d'un hectolitre de houille étant de 87^{kg}, combien pèseront 4053 hectolitres?

145. On a vendu 715 pieds d'arbres à raison de 143 francs l'un; combien l'acheteur doit-il payer?

146. On a eu 17 fruits pour un franc, combien en aurait-on à ce prix pour 67 francs?

147. Une page d'impression contenant 32 lignes de 45 lettres, combien cela fait-il de lettres par page?

148. Le revenu d'une personne est de 17 francs par jour; combien reçoit-elle pendant une année, c'est-à-dire pendant 365 jours?

149. Une armée se trouve composée de 127 bataillons et chacun compte 778 soldats; combien cela fait-il de soldats?

150. Combien y a-t-il d'œufs dans 487 douzaines?

151. Combien coûteront 677 toises de maçonnerie à raison de 15^f,60 la toise?

152. Combien coûte le travail d'un ouvrier payé 2^f,40 par jour, pendant 24 jours?

153. Combien paiera-t-on pour 277 hectolitres de blé à 14^f,75 l'un?

154. Combien pèseront 617 mètres de fil de fer, le poids d'un mètre se trouvant de 24 grammes?

155. Combien coûteront 3807 fagots à 29 centimes le fagot?

156. Combien coûte par jour une compagnie de 57 ouvriers payés 1^f,67?

157. Combien parcourra en 24 heures un courrier qui fait 134^m,67 par heure?

158. Quelle sera la contenance totale de 17 barriques dont chacune jauge 245^l,25?

159. Combien y a-t-il de farine dans 487 sacs, chacun d'eux contenant 117$^{k/g}$,85?

160. Combien faut-il payer pour 291 fruits à raison de 0^f,00125 l'un?

161. Combien coûteront 6179^m,08 d'ouvrage à raison de 10^f,65 le mètre?

162. Combien coûteront $167^{k/g}$,35 de fer à raison de 1^f,15 le kilogramme?

163. Combien pèseront 647^m,24 de cordage, le poids étant de $4^{k/g}$,787 le mètre?

164. Combien coûteront 2006^m,57 de drap à raison de 9^f,99 le mètre?

165. Quel sera le prix de $76585^{k/g}$,45 de houille à raison de 0^f,0299 le kilogramme?

166. Combien faudra-t-il payer de droits pour $8607^{h/l}$,04 de vin à raison de 6^f,75 par hectolitre?

167. On a vendu une pièce de terre mesurant $18^{h/a}$,45 à raison de 1540^f,65 l'hectare, combien doit-on recevoir?

168. Un terrain offre une pente réglée de 0^m,07633 par mètre; on demande celle qui correspond à une longueur de 75696^m,4?

169. Combien coûteront 125^l,75 de vin à raison de 0^f,75705 le litre?

170. A combien s'élèvera un prélèvement de trois centimes par franc sur une somme de 72000^f,16?

171. Combien y a-t-il de minutes dans un mois de 30 jours?

172. Combien y a-t-il de lettres dans 743 pages d'impression de 40 lignes chacune et de 37 lettres à la ligne?

173. En supposant la consommation d'eau de 3 litres par personne et par jour, combien en faudra-t-il pour suffire pendant 45 jours à une ville de 18000 habitants?

174. Le poids d'un sac de farine étant de 159 kilogrammes, à combien de kilogrammes s'élève par mois la consommation de la ville de Paris, que l'on estime être de 1580 sacs par jour ?

175. Un travail a exigé pendant 14 mois (de 25 jours ouvrables chacun) 147 ouvriers par jour. combien cela fait-il de journées ?

176. Une fontaine donne par heure 4057 litres d'eau, combien donne-t-elle par semaine ?

177. Une chandelle consomme par heure 8 grammes de suif; on demande quel poids de chandelle il faut pour en avoir toujours une allumée pendant un an ?

178. On demande combien il faut de pain pour approvisionner pour 180 jours un bâtiment monté par 21 hommes à raison de 450 grammes par homme et par jour ?

179. Combien un moulin, dont la meule fait 45 tours par minute, fait-il de tours en 15 jours ?

180. Un hectolitre de blé contenant 1489724 grains, combien consomme-t-on de grains de blé par semaine dans une ville dont la dépense est de 224 hectolitres par jour ?

181. Un travail a exigé pendant 87 jours 224 ouvriers payés 2f,25 par jour, à combien s'élève la dépense ?

182. Combien coûteront 5629 ouvriers pendant 75 jours, à raison de 1f,795 par jour ?

183. Quelle est la valeur de 554 hectolitres de blé du poids de 75 kilogrammes chacun, à raison de 0f,28 le kilogramme ?

5*

184. Un ouvrier a fait 2^m,426 d'ouvrage par heure ; combien en fera-t-il en 45 jours, travaillant 10 heures par jour ?

185. Une montre avance de 1 minute,54827 par heure ; de combien avancera-t-elle en un mois et en un an ?

186. On consomme par semaine, dans une famille, 26 kilogrammes de viande, au prix de 0^f,825 le kilogramme ; on demande quelle sera la dépense en 52 semaines ?

187. Une lampe brûle par heure 43 grammes d'huile ; on demande la dépense en six heures, l'huile coûtant 0^f,0015 le gramme ?

188. En employant 0^k,027 de sel par kilogramme de lard, combien faudra-t-il de sel pour préparer 17845 barils contenant chacun 75 kilogrammes de lard ?

189. Combien coûteront 154 barriques de vin de 72 lit. chacune, au prix de 0^f,454 le litre ?

190. Combien faudra-t-il payer pour 187 barres de fer pesant chacune 21^k,74, à raison de 0^f,685 le kilogramme ?

191. On demande la valeur du sel employé à saler 7845 barils de lard de 75 kilogrammes, chacun à raison de 0^k,025 de sel par kilogramme de viande, le prix étant de 1^f,253 le kilogramme ?

192. Un négociant a acheté 738 barriques d'huile, de 54 litres chacune, au prix de 2^f,75 le litre ; il l'a revendue 3^f,58, quel est son bénéfice total ?

193. On a acheté 7945ˡ,25 de vin à raison de 0ˡ,575 le litre, on l'a revendu 0ˡ,665; on demande le bénéfice?

194. Une personne doit à son boulanger 54 pains de 3 livres au prix de 0ˡ,105 la livre, 36 pains de 6 livres à 0ˡ,155 la livre, 74 de 1 livre à 0ˡ,20, et 37 pains de 12 livres à 0ˡ,147 la livre; combien doit-elle en somme?

195. On a acheté 54 barriques de vin contenant chacune 125ˡ,74 à 0ˡ,745 le litre, plus pour droits d'entrée 0ˡ,025 et pour transport 0ˡ,665 aussi par litre; quel est le prix total de cet achat?

196. Dans une famille le père gagne par jour 3ˡ,75, l'aîné de ses fils 3ˡ,35, le second 2ˡ,25, le troisième 2ˡ,75; on demande le total de leur recette pendant 3 ans en comptant 25 jours par mois?

197. 4 personnes réunies d'intérêt ont gagné, la première 10ˡ,25 par jour pendant 3 mois de 25 jours, la seconde 8ˡ,85 par jour pendant 5 mois, la troisième 6ˡ,54 pendant 2 mois, la quatrième 7ˡ,45 pendant 4 mois; on demande la somme totale du gain?

198. Un travail exige, 1° 45 ouvriers pendant 25 jours à 6 heures par jour, au prix de 0ˡ,155 par heure; 2° 54 ouvriers pendant 38 jours à 8 heures par jour, au prix de 0ˡ,084 par heure, et 3° 75 ouvriers pendant 84 jours à 7 heures par jour au prix de 0ˡ,275 par heure; quelle est la valeur totale de ce travail?

199. Un marchand a gagné, 1° 0ˡ,25 par ki-

logramme sur 7925^{k/s},45 ; 2° 1^f,56 par kilogramme sur 325^{k/s},3 ; 3° 5^f,54 par kilogramme
sur 189^{k/s}, quel est son bénéfice ?

200. On a acheté 1° 345^l,25 de vin à 0^f,45
l'un ; 2° 573 à 0^f,72 ; 3° 725 à 0^f,47 ; 4° 254 à
1^f,17 ; on a payé 0^f,056 par litre pour frais de
transport, et 0^f,575 pour droits ; on demande ce
que l'on a gagné en vendant tous les vins pour
une somme de 15000 francs ?

201. 57 pièces d'huile de la contenance de
154 litres chacune ont été vendues à raison de
207^f,40 l'hectolitre ; combien l'acheteur doit-il
payer ?

202. 7 barres d'argent du poids de 2604 gram-
mes chacune ont été achetées à raison de 218^f le
kilogramme, déduction faite d'un dixième d'alliage, quelle est leur valeur ?

203. 6 ouvriers ont fait chacun 204^m,67 d'ouvrage ; combien leur doit-on, le prix convenu
étant de 67^f,84 l'hectomètre ?

204. 3 caisses contiennent , 1°, 217^{k/s},25 ;
2° 6^{m/s},245 ; 3° 617 décagrammes de marchandises ; combien cela fait-il à raison de 0^f,0097 le
gramme ?

205. Un courrier a parcouru , 1° 617 kilomètres ; 2° une autrefois 140 myriamètres ; combien
faut-il lui donner pour le payer 0^f,0077 par mètre parcouru ?

206. Combien rapporte un plant de vignes qui
produit chaque année 245 hectolitres de vin que
l'on vend sur pied 0^f,147 le litre ?

207. 3 fermes contiennent, la première 145 hectares, la seconde 114$^{b/a}$,27, la troisième 19$^{b/a}$,5; combien valent-elles à raison de 150 francs l'are?

208. Combien valent en total, 1° 150^g,27 de sucre; 2° 117 hectogrammes; 3° 160 myriagrammes, le tout au prix de 2^f,07 le kilogramme?

209. Sachant qu'une toise vaut 1^m,9490365912, combien valent 1907 toises?

210. Sachant que le kilogramme vaut 18827 grains 15; combien valent 617 grammes?

CHAPITRE VIII.

DE LA DIVISION.

69. Qu'est-ce que la division ?

La division est une opération qui a pour but de chercher combien de fois un nombre qu'on appelle *dividende* en contient un autre qu'on appelle *diviseur ;* le résultat se nomme *quotient.*

Il suit de là que le diviseur répété autant de fois qu'il y a d'unités au quotient doit reproduire le dividende.

Le dividende et le diviseur sont appelés les *termes* de la division.

70. Comment peut-on encore envisager la division ?

La division peut encore être envisagée comme une opération qui a pour but, connaissant un produit et l'un de ses facteurs, de retrouver l'autre facteur. Car il est clair qu'en prenant le produit donné pour dividende et le facteur connu pour diviseur, le quotient sera le facteur cherché, puisque le diviseur multiplié par le quotient donne pour produit le dividende.

Ainsi formons le produit de 634 par 23.

$$\begin{array}{r} 634 \\ 23 \\ \hline 1902 \\ 1268 \\ \hline 14582 \end{array}$$

Si l'on prend pour dividende 14582 et pour diviseur 634, on aura pour quotient 23, puisque le quotient doit être tel que, multiplié par 634, le produit soit 14582.

71. *A quoi sert principalement la division?*

La division sert principalement : 1° A partager une quantité donnée en un certain nombre de parties égales; 2° Une quantité étant donnée et la grandeur des parties dont elle se compose, trouver le nombre de ces parties.

Il est clair que, dans l'un et l'autre cas, la grandeur de chaque partie répétée autant de fois qu'il y a de parties doit reproduire la quantité donnée, de même que le quotient répété autant de fois qu'il y a d'unités dans le diviseur doit reproduire le dividende; on

prendra donc la quantité donnée pour divi
dende, après quoi si le diviseur est le nom
bre des parties, le quotient en donnera la
grandeur, ou si le diviseur est égal à la grandeur de chaque partie, le quotient en donnera le nombre.

72. *Que faut-il remarquer lorsque l'on
a à diviser l'un par l'autre des nombres
concrets?*

Lorsque l'on a dans une division des
nombres concrets, on fait comme pour la
multiplication, c'est-à-dire que l'on considère les deux termes comme nombres abstraits, après quoi l'on donne aux unités du
quotient le nom qui leur convient d'après
l'énoncé.

Ainsi, ayant à partager 24 francs en 4 parties égales, le quotient sera 6 et exprimera des francs,
c'est-à-dire qu'il sera 6 francs.

Si l'on demande combien de fois 24ᶠ contiennent
4ᶠ, la réponse sera 6 fois, c'est-à-dire un nombre
abstrait.

Si l'on demande combien avec 24ᶠ on fera de
mètres d'ouvrage, à raison de 4ᶠ le mètre, il faudra
encore diviser 24 par 4, et la réponse sera 6
mètres.

Par où l'on voit que c'est l'énoncé de la question
seul qui détermine l'espèce des unités du quotient,
car dans les trois cas l'opération sera toujours la
même, c'est-à-dire la division de 24 par 4.

73. *Quelle est la première question qui se présente pour faire une division ?*

Pour faire une division, il faut d'abord savoir de quel ordre sont les plus hautes unités du quotient ; parce que, comme nous le verrons plus tard, ce sont elles qu'il faut trouver les premières : or, cela revient à chercher combien il y a de chiffres au quotient.

74. *Comment parvient-on à déterminer le nombre des chiffres du quotient ?*

Pour savoir combien il y aura de chiffres au quotient, on ajoute successivement au diviseur, précisément autant de zéros qu'il en faut pour le rendre supérieur au dividende ; et ce nombre de zéros donne le nombre des chiffres du quotient. En effet, je suppose qu'il ait fallu ajouter 3 zéros au diviseur pour le rendre supérieur au dividende, cela veut dire que pour le rendre égal au même dividende, il faut le multiplier par un nombre compris entre cent et mille, puisque 2 zéros ne suffisent pas et que 3 le rendent trop grand. Le quotient sera donc aussi compris entre cent et mille, c'est-à-dire de 100 à 999 ; il aura donc 3 chiffres, c'est-à-dire autant précisément qu'il a fallu ajouter de zéros.

Ainsi, ayant 14582 à diviser par 634, on voit qu'il faut ajouter à 634 deux zéros, pour le rendre supérieur à 14582, puisque 14582 est compris entre 6340 et 63400. Il y aura donc deux chiffres au quotient.

75. *Que faudrait-il faire si en ajoutant des zéros le diviseur devenait égal au dividende?*

Si, en ajoutant des zéros au diviseur, il devient précisément égal au dividende, toute règle est alors inutile, puisque dans ce cas on voit au premier coup d'œil quel sera le quotient; en effet, on sait alors que le dividende est 10, 100, 1000 fois plus grand que le diviseur, selon qu'il a fallu ajouter 1, 2, 3, etc., zéros pour le rendre égal au premier. Le quotient est donc alors 10, 100, 1000, etc.

76. *Comment procède-t-on lorsqu'on connaît le nombre des chiffres du quotient?*

Puisque le dividende est le produit du diviseur par le quotient, connaissant les plus hautes unités du quotient, on séparera les unités du même ordre du dividende. Si donc, par exemple, ce sont des dizaines, on prendra à part les dizaines du dividende et on les divisera par le diviseur pour trouver les dizaines du quotient.

On ne veut pas dire par là que les dizaines du dividende soient toujours égales au produit du diviseur par les dizaines du quotient, car les dizaines du quotient peuvent être suivies d'unités qui, multipliées par le diviseur, donneront aussi des dizaines au dividende ; mais, quel que soit ce nombre d'unités, il ne produira jamais dans la multiplication autant de dizaines que s'il y avait eu une dizaine de plus au quotient : par conséquent en faisant la division des dizaines du dividende par le diviseur, on aura le véritable chiffre des dizaines ; seulement il restera généralement un certain nombre de dizaines provenant du produit des unités du quotient.

Reprenons l'exemple déjà cité de la division de 14582 par 634. On considère 14582 comme le produit de 634 par le quotient que l'on sait être 23.

$$
\begin{array}{r}
634 \\
23 \\
\hline
1902 \\
1268 \\
\hline
14582
\end{array}
$$

On a vu que le quotient devait avoir deux chiffres et que ses plus hautes unités seront des dizaines ; or, le produit de 634 par les dizaines du quotient, se trouvera dans les 1458 dizaines du dividende. Il

est vrai qu'elles n'y sont pas seules, puisque 1458 se
compose de 1268, produit des dizaines du quotient
et de 190, dizaines provenant de 1902, produit des
unités du quotient ; mais, quand même le chiffre des
unités serait 9, il ne donnerait jamais autant de dizaines que si le chiffre des dizaines était 3 au lieu
de 2. Il n'y a donc pas lieu de craindre que ces 190
dizaines nous donnent une dizaine de plus au quotient, en sorte que, divisant 1458 par 634, on sera
certain d'avoir le véritable chiffre des dizaines.

77. *Comment dispose-t-on l'opération ?*
Le dividende se met à la gauche du diviseur, et on les sépare par un trait vertical ;
on souligne le diviseur et l'on écrit au-dessous les chiffres du quotient ; puis, après
avoir séparé par un point à la gauche du
dividende les unités dans lesquelles on doit
chercher le premier chiffre du quotient, on
fait la division, puis on multiplie le diviseur
par le premier chiffre trouvé et l'on retranche ce produit du dividende partiel sur lequel on a opéré afin d'avoir le reste.

Ainsi, dans l'exemple donné, on disposera l'opération comme il suit :

$$
\begin{array}{r|l}
14582 & 634 \\
\cline{2-2}
\underline{1268} & 2 \\
190 &
\end{array}
$$

On voit que 1458 doit contenir 634 deux fois, et,

pour faire plus facilement cette opération, on considère à part les plus hautes unités de chaque nombre ; ainsi, les 14 centaines de 1458 contiennent
2 fois les 6 centaines de 634 ; le procédé n'est pas
exact, mais, si on se trompe, il y a moyen de s'en
apercevoir ; il y aura donc 2 dizaines au quotient, et
l'on multiplie 634 par les 2 dizaines, ce qui reproduit les 1268 dizaines que l'on écrit sous les 1458
dizaines du dividende, en sorte que le reste nous
fait retrouver les 190 dizaines provenant du produit
par le chiffre des unités.

Dans la pratique, il est de beaucoup préférable de
faire cette soustraction par la méthode des reports (47), en disant 2 fois 4 font 8, de 8 reste o ;
2 fois 3 font 6, de 15 reste 9. Mais en disant 15 au
lieu de 5 on a augmenté le dividende d'un mille ; il
faut en ajouter pareillement 1 au produit suivant en
disant : 2 fois 6 font 12 et 1 font 13, de 14 reste 1.
On agirait de même s'il fallait ajouter à un chiffre
plus d'une dizaine pour rendre la soustraction possible. Ainsi dans la division suivante :

$$6096 \mid \underline{658}$$
$$174 \mid 9$$

On dira : 9 fois 8, 72 de 76 reste 4 et reporte 7 ;
9 fois 5, 45 et 7, 52 de 59 reste 7 et reporte 5 ;
9 fois 6, 54 et 5, 59 de 60 reste 1.

Pour trouver les chiffres inférieurs, on
convertit successivement chaque reste en
unités de l'espèce suivante et on lui réunit
le chiffre suivant, ce qui se fait tout simplement en abaissant ce chiffre à côté du reste ;

car c'est comme si on avait multiplié le reste par 10 pour le convertir en unités de l'espèce suivante et qu'on lui eût ajouté le chiffre suivant comme chiffre des unités,

Ainsi, dans l'exemple précédent :

$$\begin{array}{r|l} 14582 & 634 \\ 1268 & 23 \\ \hline 1902 & \\ 1902 & \\ \hline 00 & \end{array}$$

Il reste à trouver le chiffre des unités et l'on doit le chercher dans les unités du dividende. Elles se composent des 190 dizaines qui sont restées de la division précédente et des 2 unités dont on n'a point fait usage. On abaissera donc ce chiffre à côté des dizaines qui sont restées, ce qui donne 1,902 unités ; en divisant ce nombre par 634, on a au quotient 3 ; le produit de 634 par 3 étant 1902, il ne reste rien et le quotient est exactement le nombre 23 : c'est-à-dire que 14.582 contient 634 vingt-trois fois. S'il y avait plus de 2 chiffres, on continuerait de la même manière en abaissant un chiffre à chaque fois.

78. *Que faudrait-il faire si l'un des nombres qu'on obtient en abaissant un chiffre à côté du reste précédent se trouvait trop petit pour contenir le diviseur ?*

S'il arrive qu'un dividende partiel soit

trop petit pour contenir le diviseur, cela voudra dire qu'il n'y a pas d'unités de l'espèce correspondante au quotient : on posera donc zéro, et on abaissera un 2ᵉ chiffre à côté du 1ᵉʳ et ainsi de suite jusqu'à ce que la division soit possible, en ayant soin de mettre zéro au quotient à chaque chiffre que l'on abaisse s'il ne suffit pas pour rendre la division possible.

79. *Comment s'aperçoit-on que l'on ne s'est pas trompé sur le chiffre que l'on a posé au quotient?*

Si dans le cours de l'opération on arrive à un reste qui contienne encore le diviseur, il est clair que le chiffre du quotient est trop faible et il faut l'augmenter ; si au contraire on avait mis un chiffre trop fort, on aurait aussi un produit trop fort et la soustraction ne pourrait se faire. Il faut donc, pour que le chiffre mis au quotient soit bon, que la soustraction puisse se faire et que le reste soit plus petit que le diviseur.

80. *Qu'arrivera-t-il si le dividende ne contient pas le diviseur un nombre exact de fois?*

Si le dividende ne contient pas le diviseur un nombre exact de fois, on appelle toujours *quotient* le nombre qui exprime combien de fois le diviseur est contenu dans le dividende ; mais alors ce quotient est égal à un entier plus une fraction.

Si l'on s'arrête au quotient entier, il y aura un certain nombre qui composera ce que l'on appelle *le reste de la division*.

Ainsi dans l'exemple suivant :

$$
\begin{array}{c|c}
25684836 & 7634 \\
\hline
27828 & 3364 \\
49263 & \\
34599 & \\
4065 &
\end{array}
$$

Le quotient entier est 3364 et le reste 4065 ; c'est-à-dire que le quotient véritable étant compris entre 3364 et 3365 sera égal à 3364 plus une fraction.

81. *Comment continue-t-on l'opération ?*

On peut continuer l'opération sur le reste en le réduisant en dixièmes, le reste des dixièmes en centièmes, etc., ce qui se fait en ajoutant successivement un zéro au reste précédent ; on aura ainsi des décimales au quotient.

Si l'on s'arrête après les centièmes, par exemple, l'erreur du quotient étant moindre qu'un centième, on dit qu'il est exact *à un centième près*.

Ainsi ayant à diviser 15132 par 25.

$$
\begin{array}{c|c}
15132 & 25 \\
\hline
132 & 605,28 \\
70 & \\
200 & \\
00 &
\end{array}
$$

On trouve d'abord pour quotient entier 605 ; puis continuant l'opération on trouve successivement 2 dixièmes et 8 centièmes après lesquels l'opération se termine ; en sorte que le quotient est exactement 605,28.

82. *Que faut-il faire lorsque les deux termes sont terminés par des zéros?*

Lorsque les deux termes sont terminés par des zéros, on supprime dans chacun d'eux autant de zéros qu'il y en a dans celui qui en a le moins. Si, par exemple, il y en a 3 dans l'un et 5 dans l'autre, on en supprime 3 dans chacun d'eux. Il est facile de voir que le quotient ne sera pas changé pour cela ; en effet, cette suppression a rendu chacun des deux termes 1000 fois plus petit. Si le diviseur seul avait été rendu 1000 fois plus petit, le dividende restant le même, le diviseur y aurait été contenu 1000 fois plus, et le quotient aurait été 1000 fois plus grand ; mais si on rend en même temps le dividende 1000 fois plus

6

petit, le nombre de fois qu'il contient le diviseur deviendra 1000 fois plus petit, c'est-
à-dire que le quotient deviendra 1000 fois
plus petit, et par conséquent le même qu'a-
vant la suppression des zéros.

La même chose aurait lieu si les deux termes, au lieu de devenir plus petits, devenaient
chacun un même nombre de fois plus grands.

83. *Que faut-il faire si un seul des termes est terminé par des zéros ?*

Si le dividende seul est terminé par des
zéros, on opère comme à l'ordinaire ; si le
diviseur seul est terminé par des zéros,
pour simplifier l'opération on les supprime,
ce qui rend le diviseur 10, 100, 1000 fois
plus grand, et par suite le quotient sera
aussi 10, 100, 1000 fois plus grand. Après
l'opération faite, il faudra donc rendre au
quotient sa véritable valeur en les rendant
10, 100, 1000 fois plus petit, c'est-à-dire
qu'il faudra séparer à la droite autant de
chiffres décimaux qu'il y a eu de zéros sup-
primés au diviseur.

Ainsi, ayant 31567 à diviser par 12000, je
supprime les 3 zéros du diviseur, puis divisant
31567 par 12, je trouve pour quotient 2630 et pour
reste 7. Séparant 3 décimales à la droite de 2630, il
vient donc pour véritable quotient 2,630 ou 2,63.

84. *Que doit-on faire si les deux termes sont accompagnés de décimales?*

Lorsque les deux termes sont accompagnés de décimales :

1° Si le nombre des chiffres décimaux est le même de part et d'autre, on supprime les virgules et l'on opère comme s'il s'agissait de nombres entiers. En effet, s'il y avait, par exemple, deux décimales dans chaque terme, en supprimant la virgule, on a rendu chacun d'eux cent fois plus grand, et, d'après ce que nous avons dit plus haut, le quotient n'a pas changé de valeur.

Ainsi, diviser 207,663 par 45,462, c'est la même chose que diviser 207663 par 45462.

2° Si le dividende a plus de décimales que le diviseur, on en supprime un nombre égal de part et d'autre, en avançant la virgule dans le dividende d'autant de rangs vers la droite qu'il y a de décimales dans le diviseur, ce qui ne change pas la valeur du quotient, seulement on a soin de conserver à la virgule la place qui lui convient au quotient; c'est-à-dire qu'après avoir fait la division sur la partie entière comme s'il n'y avait pas de décimales, on met la virgule aussitôt que l'on a obtenu le chiffre des unités. On continue l'opération en abaissant

successivement chacun des chiffres décimaux, comme on l'a fait pour avoir des décimales au quotient (81).

On agirait de même si dans une division
le dividende seul contenait des décimales.

Ainsi, ayant à diviser 5,66245 par 0,24, on avance
la virgule dans chaque terme de deux rangs vers la
droite, ce qui ramène la division proposée à celle de
566,245 par 24.

$$
\begin{array}{r|l}
566,245 & \underline{24} \\
86 & 23,593 \\
142 & \\
224 & \\
85 & \\
13 &
\end{array}
$$

On fait à l'ordinaire la division de 566 par 24, ce
qui donne pour quotient 23 et pour reste 14 unités,
à la suite desquelles on abaisse le chiffre des dixièmes, ce qui donne 142 dixièmes, pour quotient 5
et pour reste 22 ; mais avant de poser ce chiffre des
dixièmes, on a soin de mettre une virgule après le
chiffre des unités.

3° S'il y a moins de décimales au dividende qu'au diviseur, on ajoute assez de
zéros au dividende pour rendre le nombre
des chiffres décimaux égal de part et d'autre. Ces zéros ajoutés à un nombre décimal
ne changent pas sa valeur ; on supprime ensuite la virgule comme précédemment.

On agirait de même s'il n'y avait de décimales qu'au diviseur.

Ainsi, voulant diviser 545,24 par 0,0546 on mettra le premier nombre sous cette forme 545,2400, puis on supprimera la virgule de part et d'autre et il restera à diviser 5452400 par 546 ; on opère ensuite comme à l'ordinaire.

85. *Que faudrait-il faire si l'un des termes contenait des zéros et l'autre des décimales ?*

Si le dividende contient des zéros et le diviseur des décimales, on opère comme dans le cas où le diviseur seul contient des décimales (84-3°).

S'il arrive que le dividende renferme des décimales et que le diviseur soit terminé par des zéros, on opère comme dans le cas où le diviseur seul est terminé par des zéros (84-2°).

Ainsi, pour diviser 2400 par 6,25, on rendra chacun des deux termes 100 fois plus grand, et on aura à diviser 240000 par 625.

Et si l'on a 16240,63 à diviser par 4200, on rendra chacun des deux termes 100 fois plus petit, et on aura à diviser 162,4063 par 42.

En résumé, on voit que dans toutes ces règles le but que l'on se propose est toujours d'arriver à ce que le diviseur ne contienne ni zéros ni décimales.

6*

86. *Que faudrait-il faire si le dividende était plus petit que le diviseur?*

Lorsque le dividende est plus petit que le
diviseur, on ne peut plus dire alors que l'o-
pération ait pour but de chercher combien
de fois le dividende contient le diviseur ;
mais on peut toujours chercher le nombre
qui, multiplié par le diviseur, reproduirait
le dividende, et il sera facile de le trouver
en appliquant les règles de la division.

Ainsi, ayant à diviser 0,056 par 107.

On posera l'opération

$$\begin{array}{c|c} 0,056 & 107 \\ \hline 0560 & 0,0005 \\ 35 & \end{array}$$

Et l'on dira 0 unités ne contiennent pas 107, ce
qui donne 0 au quotient ; à la suite de ce zéro du
quotient on pose la virgule et au dividende on
abaisse le zéro des dixièmes, ce qui donne encore
0 au quotient ; puis on abaisse les 5 des centièmes,
ce qui donne encore 0 au quotient ; puis le 6 des
millièmes, ce qui donne encore 0 au quotient. On
ajoute un zéro pour avoir des dix-millièmes, ce
qui en donne 5 et 35 de reste. On continue comme
à l'ordinaire.

87. *Comment fait-on la preuve de la
division?*

En multipliant le diviseur par le quotient,
on doit reproduire le dividende, si l'opération s'est faite sans reste ; s'il y a un reste,

il faut avoir soin de le réunir au produit du diviseur par le quotient.

Ainsi, ayant trouvé (80) que le nombre 25684839, divisé par 7634, donnait pour quotient 3364 et pour reste 4063, on fera la preuve comme il suit :

$$
\begin{array}{r}
7634 \\
3364 \\
\hline
30536 \\
45804 \\
22902 \\
22902 \\
4063 \\
\hline
25684839
\end{array}
$$

Quelquefois on dispose la division et sa preuve de la manière suivante qui diffère de l'ordinaire en ce que le diviseur et le quotient sont mis à gauche du dividende.

$$
\begin{array}{r|r}
7364 & 25684839 \\
3364 & 22902 \\
\hline
30536 & 27828 \\
45804 & 22902 \\
22902 & 49263 \\
22902 & 45804 \\
4063 & 34599 \\
25684839 & 30536 \\
& 4063
\end{array}
$$

88. *Comment fait-on la preuve de la multiplication par la division?*

Pour faire la preuve de la multiplication par la division, on prend le produit pour dividende et pour diviseur le facteur connu, on devra retrouver pour quotient l'autre facteur si l'opération a été bien faite.

———

QUESTIONS.

211. On veut partager 27945 noix entre 27 personnes, on demande la part de chacune?

212. On veut partager 784 marrons entre 15 enfants, on demande ce que chacun d'eux aura et combien il en restera?

213. On demande combien il y a de pièces de 20 francs dans 1680 francs?

214. Un millier de fagots a coûté 260 francs, à combien revient le fagot?

215. Un voyageur a mis 56 jours pour faire 448 lieues, combien a-t-il fait par jour?

216. Un ouvrier a reçu 245^f,80 pour 37 jours de travail, à combien revient sa journée?

217. On a acheté 247 kilogrammes de beurre pour la somme de 427^f,15, quel est le prix du kilogramme?

218. On a payé 547^f,09 pour 417 kilogrammes de viande, à combien revient-elle le kilogramme ?

219. Pour la somme de 460^f,93 on a eu 1407 mètres de drap, quel est le prix du mètre ?

220. On a eu 807 stères de bois pour le prix de 12007^f,06, quel est le prix du stère ?

221. On a vendu 857$^{k/g}$,27 de café 1217 francs, on demande le prix du kilogramme ?

222. On a payé 9407 francs pour 3800^m,05 de toile, quel est le prix du mètre ?

223. 48060$^{k/g}$,38 de fer ont été vendus 36067 francs, à combien revient le kilogramme ?

224. 28006^l,64 de vin ont été achetés 20604 francs, quel est le prix du litre ?

225. On a payé 617^f,65 pour 26^m,87 d'ouvrage, quel est le prix du mètre ?

226. On a reçu 24604^f,80 pour 3000$^{k/g}$,67 de marchandise, quel est le prix du kilogramme ?

227. 6080st,68 de bois ont été vendus 75069^f,97, quel est le prix de vente du stère ?

228. On a payé 28085^f,60 pour 74$^{h/l}$,27 de blé, quel est le prix de l'hectolitre ?

229. 2217^m,08 de corde ont coûté 1209^f,09, quel est le prix du mètre ?

230. On a eu 3600 kilogrammes de marchandise pour 2748^f,15, quel est le prix du kilogramme ?

231. 27000 mètres cubes de terre à déblayer ont coûté 10840^f,17, à combien est revenu le mètre de déblai ?

232. Sur une longueur de 19688 mètres un

terrain offre une pente de 18ᵐ,067, quelle est la pente par mètre ?

233. 27000 mètres courants de planches ont coûté 19008ᶠ,05, quel est le prix d'achat du mètre courant ?

234. 240000 hectolitres de blé ont coûté 308067ᶠ,67, quel est le prix de l'hectolitre ?

235. On a payé 4400 francs pour 7200 mètres d'ouvrage, à combien revient le mètre ?

236. 2400 oranges ont été payées 50 francs, à combien revient chaque orange ?

237. Une ville de 85000 âmes se trouve avoir consommé dans l'année 93000 hectolitres de vin, combien cela fait-il par tête ?

238. 147000 kilogrammes de chanvre ont coûté 138200 francs, quel est le prix du kilogramme ?

239. 24760 hectolitres de houille ont coûté 6000 francs, quel est le prix de l'hectolitre ?

240. 17 mètres de ficelle ont coûté 0ᶠ,87, combien coûte-t-elle le mètre ?

241. Une ligne offre une pente de 0ᵐ,048 sur une longueur de 17ᵐ,03, quelle est la pente par mètre ?

242. On a perdu 0ᶠ,93 sur 880 grammes de fil, combien cela fait-il par gramme ?

243. On a donné 17 francs pour 0ᵏᵍ,847 de marchandise, combien coûte-t-elle le kilogramme ?

244. Pour 17ᵐ,84 d'ouvrage, on a payé 0ᶠ,839 ; combien cela fait-il de mètres du même ouvrage par franc ?

245. 0ᵏᵍ,00019 d'or ont été payés 0ᶠ,57 ;

quel est à ce taux le prix du kilogramme d'or, et combien aurait-on d'or pour un franc ?

246. 1247^{kg},60 d'une marchandise ont exigé une dépense de 614 francs de matière et 77^f,80 de main-d'œuvre ; à combien revient le kilogramme ?

247. 1024^{kg},89 d'une marchandise ont exigé une dépense en matériaux de 114^f,18 et 127^f,48 de main-d'œuvre ; on a vendu pour 67^f,40 de restes de matériaux, à combien revient le kilogramme de marchandise fabriquée ?

248. 7048^m,60 d'un certain travail ont exigé 548 journées d'ouvrier à 2^f,885 l'une ; à combien est revenu le mètre ?

249. On a acheté 64006^{kg},40 de marchandise pour la somme de 48600 francs ; quel prix faudra-t-il la vendre pour gagner 3000 francs sur cette affaire ?

250. Une rame de papier coûte 8^f,45 ; à combien revient la feuille, sachant que la rame se compose de 20 mains de 25 feuilles ?

251. Une grosse (c'est-à-dire douze douzaines) de crayons a coûté 8^f,75, quel est le prix de chaque crayon ?

252. On demande combien il y a de pièces de drap dans 6 ballots contenant ensemble 1920 mètres, sachant que chaque pièce est de 40 mètres et que les ballots sont tous égaux ?

253. Une personne possède une rente annuelle de 6648^f,70 ; combien doit-elle dépenser par jour pour faire 1500 francs d'économie chaque année ?

254. Un négociant a fait une opération dans laquelle il a mis 190254ᶠ,75 ; il a gagné d'une part 18002ᶠ,66, de l'autre il a perdu 708ᶠ,64 ; on demande quelle est par franc la valeur de son bénéfice final ?

255. Un épicier a payé pour 7 caisses renfermant ensemble 749ᵏⁱˢ,90 de fromage, une somme de 975ᶠ,18 ; on demande le prix du kilogramme et la quantité de fromage renfermée dans chaque caisse ?

256. Un marchand a vendu 49633ᶠ,20 du drap qui lui avait coûté 486ᶠ,60 la pièce ; il a gagné sur le tout 6072ᶠ,40 ; on demande combien cela lui fait par pièce de drap ?

257. Un ouvrier a reçu 67ᶠ,18 pour 33 jours de travail de 9 heures chacun ; combien a-t-il gagné par heure ?

258. Combien faut-il de jours à un écrivain pour copier un livre de 695 pages, s'il en fait 3 par heure et s'il travaille 8 heures par jour ?

259. 120 exemplaires d'un ouvrage coûtent 748 francs ; combien faut-il revendre chaque exemplaire pour gagner 50 francs sur le tout ?

260. 150 volumes ont coûté 337ᶠ,50, en les revendant on a gagné 22ᶠ,20 ; combien a-t-on vendu chaque volume ?

261. Une personne a dépensé 6177ᶠ,50 en trois années, dont deux de 365 jours et l'autre de 366 ; combien cela fait-il par jour ?

262. Une personne jouissant d'un revenu annuel de 15560 francs a fait en 8 ans 74086ᶠ,67

de dettes ; combien dépensait-elle par mois ?

263. Un père de famille dont la fortune était de 6420 francs par an a dépensé en dix ans une somme totale de 14845 francs pour l'éducation de ses enfants ; combien lui restait-il à dépenser par mois pour le reste de sa maison ?

264. On a échangé 748 mètres de drap contre 3608 mètres de toile ; combien doit être vendu le mètre de toile pour gagner 200 francs sur le tout, la valeur du drap étant estimée 22 francs le mètre ?

265. 27 ouvriers ont fait $4786o^m,87$ d'ouvrage en un an ; on demande combien chacun d'eux en a fait par mois ?

266. 150 volumes d'un ouvrage ont coûté $517^f,8o$, on a donné gratuitement 27 volumes ; combien faut-il vendre le reste pour gagner 70 francs sur le tout ?

267. 108 volumes ont été payés $28^f,7$ la douzaine ; quelle somme a-t-on déboursée ?

268. On veut partager une somme de $72o48^f,5o$ entre 27 personnes ; les dix premières doivent avoir ensemble une part fixe de 25000 francs ; quelle sera la part des autres ?

269. 368 ouvriers ont travaillé pendant cinq campagnes de 8 mois chacune à la construction d'un canal, à raison de 25 jours par mois ; ils gagnaient chacun $2^f,55$ par jour ; combien ont-ils gagné en totalité ?

270. Un négociant a fait une opération dans laquelle il a mis $6o,8o7^f 8o$; le bénéfice a été de

7

8064 francs ; sur cette somme il doit supporter un prélèvement de 27 pour cent ; combien lui reste-t-il et combien gagne-t-il par franc ?

271. Une personne possède un revenu annuel de 8067^f,40 ; elle s'est engagée à donner 10 pour cent de la recette aux pauvres et à consacrer 18 pour cent de ce qui reste à acquitter des dettes ; combien lui reste-t-il à dépenser par an ?

272. Une édition de 300 exemplaires d'un livre a coûté 566^f,85 ; 20 exemplaires ont été donnés gratuitement ; quel prix doit-on vendre les exemplaires restants pour produire au libraire et à l'auteur un bénéfice de 75 pour cent sur les déboursés ?

273. 648$^{k/s}$,50 d'un produit ont exigé une dépense de 457^f,60 ; quel prix doit-on vendre le kilogramme pour produire un bénéfice de 25 pour cent sur les déboursés ?

274. On a acheté, 1° 607^l,40 de vin, à raison de 0^f,45 le litre ; 2° 864^l,52 à 0^f,57, et 3° 809^l,70 à 0^f,38 ; on a payé en frais 0^f,075 par litre ; combien doit-on revendre chaque espèce de vin pour gagner 8 pour cent sur les déboursés ?

275. Un travail a employé 17 ouvriers payés en tout 57^f,80 par jour pendant 21 mois (de 25 jours) ; le maître qui les conduit a droit à 12 pour cent sur la dépense ; on demande la dépense totale du travail et la paye moyenne par mois de chaque ouvrier ?

276. On a acheté 67 barriques de vin contenant chacune 127^l,80, au prix de 0^f,395 le litre ;

on a payé en outre 15 pour cent de manipulations et de frais ; on les a revendues 4867^f,90 ; on demande combien cela fait de bénéfice par franc sur la somme déboursée ?

277. Une terre du prix de 120607^f,50 a rapporté par an 5248^f,67 ; on a payé en frais divers aussi par an 660^f,18 ; on demande quel est par franc le produit net de cette terre ?

278. Une maison a coûté 65840^f,67 ; on y a fait 265^f,60 de réparations premières ; le loyer rapporte 2800 francs, mais on paye pour 506^f,40 d'impositions et menus frais ; on demande quel est par franc le revenu de cette maison ?

279. 127 personnes ont gagné collectivement 3850^f,67, dont il faut déduire 6 pour cent au bénéfice des pauvres et 12 pour cent de frais de gestion ; quel sera le dividende de chacune d'elles?

280. On a acheté une grosse de crayons au prix de 9^f,85 ; on veut gagner 0^f,02 par crayon ; combien faut-il vendre la douzaine ?

281. On a acheté 6840^{ks},50 de fer au prix de 67^f,50 les cent kilogrammes ; on a payé pour transport et frais divers 18 francs par 1000 kilogrammes ; combien doit-on revendre le kilogramme de fer pour gagner 10 pour cent sur l'opération ?

282. On a acheté pour 450 francs de pain, à raison de 0^f,295 le kilogramme ; on demande à combien de pauvres on pourra le distribuer en donnant 6 hectogrammes à chacun ?

283. Un courrier qui doit faire un voyage de

657 myriamètres parcourt moyennement 15 kilomètres par heure et marche en se reposant seulement 48 heures par semaine ; on demande combien durera son voyage ?

284. Un marchand a acheté 27 pièces de vin contenant 238 litres chacune, à raison de 126^f,40 l'une ; il y a eu au soutirage 7 litres de lie par pièce , et il a vendu le tout 4500 francs ; on demande le bénéfice qu'il a fait sur chaque pièce , sachant que son commissionnaire prélève 2 pour cent sur le prix de vente ?

285. 6 barriques de vin de 255 litres chacune ont été payées 0^f,357 le litre ; il y a eu pour chaque pièce 35 francs de droits d'entrée, 1 franc de port et 1^f,50 de soutirage ; combien faudra-t-il les revendre le litre pour gagner 75 francs sur l'opération ?

286. Une personne a acheté une barrique de vin de 250 litres net au prix de 0^f,54 le litre ; une autre a acheté une barrique du même vin contenant 245 litres pour la somme de 120 francs ; quelle est par litre la différence de ces deux acquisitions , et combien cela fait-il de différence sur le contenu de la première barrique ?

287. On a acheté d'une part 6085 kilogrammes de marchandise à 1^f,87 le kilogramme, de l'autre 12 007$^{k/s}$,25 de la même marchandise à 1^f,73 ; on veut gagner 10 pour cent sur le tout ; combien doit-on revendre le kilogramme ?

288. On a acheté d'une part 2450 hectolitres

de blé à 18^f,60, et de l'autre 6050$^{h/l}$,25 à 20^f,06 ; on revend le tout 187000 francs, il y a eu 1^f,05 de frais par hectolitre ; combien a-t-on gagné sur chacun ?

289. Un navire monté par 67 hommes avait reçu au départ 120 jours d'eau à raison de 2^l,60 par homme et par jour ; on l'a dépensée à ce taux pendant 87 jours ; un accident fait perdre alors 2200 litres d'eau et le reste doit suffire pour une augmentation de 15 jours dans la traversée ; combien reste-t-il à dépenser chaque jour pour chaque homme ?

290. Une ville assiégée qui compte 15287 habitants n'a plus dans ses murs que 3200 sacs de farine ; combien pourra-t-elle tenir de jours si un sac de farine est donné pour 1000 rations d'un jour chacun ?

291. Une ville conquise est frappée d'une contribution de 1000000 francs ; elle se compose de 15000 familles dont 5370 indigentes, exemptes de tout impôt, et 847 fortunées, chacune taxées à 100 francs ; combien restera-t-il à payer à chacune des familles restantes ?

292. Un négociant a promis à son commis la 25e partie de ses bénéfices ; la première année il a gagné 24075^f,06 ; la seconde 18407^f,40, et la troisième 64084^f,06 ; il faut faire sur ces bénéfices un prélèvement de 7 pour cent pour frais généraux ; on demande ce que le commis a gagné ?

293. Une société de 57 ouvriers a gagné 6004f,95 ; les 10 premiers ont droit à un prélèvement de 127 francs chacun, et 22 autres doivent prélever 58 francs chacun, le reste appartient en commun à toute la société ; on demande quelle sera la part de chacun des 10 premiers, des 22 suivants et des autres ?

294. On a fait un mélange de 5 pièces de vin, la première de 245l,24, la seconde de 237l,80, la troisième de 238l,60, la quatrième de 242l,65, et la cinquième de 241l,80 ; elles ont coûté ensemble 565f,60, plus 27f,40 de frais ; combien faut-il revendre le litre pour gagner 150 francs sur le tout ?

295. Un propriétaire fait à 467 ouvriers qu'il emploie une gratification de 600 francs, mais il veut que 257 pères de famille, qui sont parmi eux, aient une part double des garçons ; à combien s'élèvera la part des uns et des autres ?

296. Une quête a produit 4096f,27 ; elle doit être répartie entre 1237 pauvres, dont 308 veuves ou pères de famille, 588 enfants, et le reste composé de célibataires ; on veut que les premiers aient une part double, et les enfants une demi-part chacun ; que recevront les uns et les autres ?

297. 57 personnes se cotisent pour élever 5 orphelins dont la dépense est estimée à 220 francs pour chacun ; sur les 57 personnes il y en a 12 qui veulent donner trois fois, et 17 qui veulent don-

ner deux fois autant que les autres ; quelle sera la souscription de chacune ?

298. Une commune veut agrandir son église ; la dépense est estimée à 17847^f,80 ; sur 817 familles il y en a 72 indigentes, parmi les autres il y en a 61 qui s'engagent à fournir chacune 12 journées d'attelage estimées à 5^f,50 l'une ; 250 autres s'engagent à fournir 12 journées de travail estimées à 1^f,20 chacune ; enfin 57 autres familles doivent fournir ensemble 20 stères de bois qui sont nécessaires au prix de 114 francs le stère ; ces diverses fournitures doivent figurer pour moitié de leur valeur dans la contribution de la famille ; quelle sera la part de chacune et celle des familles qui donnent tout en argent ?

299. 217 personnes se sont associées pour soulager les pauvres ; pendant 20 mois, chacune a fourni 6 francs par mois ; sur cette somme on a distribué 2500 soupes à 0^f,125 l'une, 14000 kilogrammes de pain à 0^f,295 le kilogramme, 8000 fagots à 28 francs le cent, et pour une valeur de 7250^f,60 de médicaments ; on veut répartir ce qui reste entre 229 familles ; quelle sera la part de chacune ?

300. Dans une ville on veut faire une loterie pour soulager des prisonniers ; la somme à recueillir est de 1700 francs ; on veut qu'il y ait 1200 billets dont 50 gagnant, savoir : 1 lot de 500 francs, 4 de 400 francs, 10 de 300 francs,

15 de 200 francs, et 20 de 100 francs chacun; à
quel taux faut-il mettre les billets pour que, déduction faite des lots gagnants et de 200 francs
de frais, il reste la somme voulue ?

FIN DE LA PREMIÈRE PARTIE.

www.ingramcontent.com/pod-product-compliance
Lightning Source LLC
Chambersburg PA
CBHW071827090426
42737CB00012B/2198